Nachweisvermögen von Analysenverfahren
Objektive Bewertung und Ergebnisinterpretation

T0232285

Günter Ehrlich · Klaus Danzer

Nachweisvermögen von Analysenverfahren

Objektive Bewertung und Ergebnisinterpretation

Mit 20 Abbildungen

 Springer

Prof. Dr. Günter Ehrlich
Holbeinstraße 32/904
01307 Dresden, Germany
e-mail: honestus@t-online.de

Prof. em. Dr. Klaus Danzer
Am Friedensberg 4
07743 Jena, Germany
e-mail: claus.danzer@jetzweb.de

Bibliografische Information der Deutschen Bibliothek

Die Deutsche Bibliothek verzeichnet diese Publikation in der Deutschen Nationalbibliografie;
detaillierte bibliografische Daten sind im Internet über <http://dnb.ddb.de> abrufbar.

ISBN 978-3-540-28434-5   (Hardcover)
ISBN 978-3-642-32397-3   (Softcover)

Springer ist ein Unternehmen von Springer Science+Business Media
springer.de
© Springer-Verlag Berlin Heidelberg 2006, Softcover 2013

Einbandgestaltung: *design & production* GmbH, Heidelberg
Satz und Herstellung: LE-TEX Jelonek, Schmidt & Vöckler GbR, Leipzig
Gedruckt auf säurefreiem Papier   2/3141/YL - 5 4 3 2 1 0

Vorwort

In den letzten Jahrzehnten war die Entwicklung der chemischen Analytik besonders gekennzeichnet durch enorme Fortschritte der Spurenanalyse, sowohl im Hinblick auf methodische Neuentwicklungen als auch auf steigende Anforderungen aus den unterschiedlichsten Gebieten. Galt es zunächst mit dem Aufkommen neuer Technologien, wie der Kern- und Halbleitertechnik sowie der Mikroelektronik störende Elemente in immer geringeren Konzentrationen analytisch zu erfassen, führten bald darauf neue Erkenntnisse der physiologischen Chemie und daraus abgeleitete Forderungen zur Überwachung der Biosphäre zur Notwendigkeit, auch bestimmte Zustandsformen (Oxidationsstufen und Bindungszustände) der Elemente im Spurenbereich zu ermitteln (Speziesanalytik, Multikomponentenanalytik). Der Umweltschutz brachte jedoch nicht nur neue Herausforderungen für die Spurenanalyse hinsichtlich der wachsenden Anzahl von Analyten, Matrizes und Untersuchungsproben verschiedener Umweltkompartimente wie Luft, Wasser, Boden und biologisches Material. Die Analytik geriet auch zunehmend in das öffentliche Interesse, weil sie die Einhaltung der von nationalen und zunehmend auch internationalen Gremien und Regulierungsbehörden festgelegten Standards (meist Grenz- oder Schwellenwerte) kontrollieren muss. Damit können Analysenergebnisse zur Basis wichtiger ökonomischer und ökologischer Entscheidungen von gesellschaftlichem Interesse und ggf. schwerwiegenden juristischen oder politischen Konsequenzen werden.

Verständlicherweise wuchs im Verlaufe dieser Entwicklung die Notwendigkeit der objektiven und zuverlässigen Charakterisierung von analytischen Verfahren und Ergebnissen, speziell an der Grenze der Nachweisbarkeit der gesuchten Spurenbestandteile. Dazu wurden unabhängig voneinander in verschiedenen „Schulen" eine Vielzahl von Vorschlägen zur Definition, Terminologie, Ermittlung und Anwendung von Kenngrößen, meist in Form von Grenzgehalten, erarbeitet. Diese weichen oft erheblich voneinander ab oder widersprechen einander sogar, und zwar schon innerhalb einzelner Sprachräume.

In der vorliegenden Abhandlung wird deshalb versucht, durch Darlegung

- der unterschiedlichen Lösungswege und der entsprechenden mathematischen Modelle,

– einiger relativ allgemeingültiger Empfehlungen und Normen sowie
– erprobter Vorgehensweisen in bestimmten Fällen

den Praktiker bei der Auswahl, Ermittlung und Anwendung problemrelevanter Kenngrößen zu unterstützen und dadurch auch zum Abbau von Missverständnissen beizutragen. Analytikern, die mit der Materie näher vertraut sind, sollen Möglichkeiten gezeigt werden, durch spezielle Lösungswege den Informationsgehalt ihrer Ergebnisse optimal auszuschöpfen. Auch auf die Grenzen solcher Vorgehensweisen wird hingewiesen. Betont sei, dass Modellverfeinerungen nur gerechtfertigt sind, wenn die Einhaltung der jeweiligen speziellen Voraussetzungen gewährleistet ist. Dem „Einsteiger" werden Orientierungshilfen angeboten, die insbesondere im zusammenfassenden Kap. 7 als mögliche Varianten dargestellt werden.

Die Zielstellung kann allerdings bestenfalls näherungsweise erreicht werden, weil die Vielfalt der analytischen Aufgabenstellungen, Anforderungen und praktischen Gegebenheiten sich nicht in Schemata pressen lässt, aus denen korrekte und zuverlässige Lösungen dann einfach abzuleiten wären. Die Entwicklung ist außerdem noch stark im Fluss, wie die nicht abnehmende Anzahl von Publikationen zu diesem Thema zeigt.

Dankbar sind wir einer Reihe von Fachkollegen, mit den wir auf diesem Gebiet zusammengearbeitet oder Erfahrungen ausgetauscht haben. Stellvertretend seien hier genannt Heinrich Kaiser, Dortmund, Klaus Doerffel, Merseburg, und Karel Eckschlager, Prag, die leider bereits verstorben sind, sowie weiterhin Rainer Gerbatsch, Dresden, Siegfried Noack, Berlin, und Walter Huber, Ludwigshafen. Den Partnern im Springer-Verlag danken wir für die freundliche und konstruktive Zusammenarbeit.

Dresden und Jena, Juni 2005   *Günter Ehrlich*
                                                         Klaus Danzer

Inhaltsverzeichnis

Begriffe und Symbole

Vorbemerkungen zum Gebrauch wesentlicher Begriffe:

Analysenfunktion Die inverse *Kalibrierfunktion* wird als Analysenfunktion bezeichnet. Die allgemeine Beziehung für die Analysenfunktion $x = f^{-1}(y)$ geht für lineare Zusammenhänge über in $\hat{x} = (y - a_{yx})/b_{yx}$[1].

Analysenwerte Analysenwerte können zum einen vorgegebene Werte von Referenz- oder Vergleichsproben sein, die zu Kalibrierzwecken dienen. In diesem Sinne sind sie konventionell „wahre Werte", die zur Schätzung der *Kalibrierfunktion* dienen. Zum anderen werden Analysenwerte auf experimentellem Wege aus Messwerten ermittelt, und zwar über die *Analysenfunktion*, die die Umkehrfunktion zur Kalibrierfunktion darstellt.

Analyt Der in einer Probe nachzuweisende bzw. zu bestimmende Bestandteil wird als Analyt bezeichnet. Dabei kann es sich um Komponenten unterschiedlicher Art handeln (Elemente, Verbindungen, Spezies verschiedener Wertigkeit, Oxidationszahl oder Bindungsformen), in Spezialfällen auch um Komponenten, die summarisch erfasst werden (Summenparameter). Alle darüber hinaus in einer Probe enthaltenen Bestandteile werden unter dem Begriff *Matrix* zusammengefasst.

Blindproben Blindproben sind solche Proben, die den Analyten mit hoher Wahrscheinlichkeit nicht (zumindest nicht wissentlich) enthalten, die aber ansonsten mit den Analysenproben übereinstimmen. Mit dem Begriff Blindproben werden im Rahmen der folgenden Ausführungen auch *Leerproben* bezeichnet.

Blindwerte Bei der Messung von Blindproben erhält man Messwerte, deren Dichtemittel als Blindwert bezeichnet wird. Falls eine Normalverteilung oder eine andere symmetrischen Verteilung vorliegt, ist dies der arithmetische Mittelwert. Diesem Blindwert als gleichwertig angesehen wird der aus Kalibrierdaten berechnete Ordinatenabschnitt der Kalibriergeraden. Da hier der Begriff

---

[1] Diese ist nicht identisch mit der Schätzung $\hat{x} = a_{xy} + b_{xy}y$, dem Modell der Regression von x auf y, für das die Voraussetzungen im Falle der experimentellen Kalibration nicht zutreffen

Blindproben auch Leerproben umfasst, bezeichnet der Begriff Blindwerte hier immer auch *Leerwerte*. Das in der Arbeit verwendete Symbol y_{BL} wurde gewählt, um dem Rechnung zu tragen.

Empfindlichkeit Allgemein versteht man unter Empfindlichkeit die Reaktion auf eine gegebene Ursache; demzufolge ist in den Messwissenschaften Empfindlichkeit die Änderung einer Ausgangsgröße mit der Eingangsgröße. In der Analytik ist die Empfindlichkeit definiert als Änderung der Messgröße mit der zugehörigen Änderung der Analysengröße, also $S = \partial y / \partial x$. Im Falle linearer Zusammenhänge zwischen y und x entspricht die Empfindlichkeit dem Anstieg der Kalibriergeraden: $S = \Delta y / \Delta x = b$.

Kalibrierfunktion Die Kalibrierfunktion $y = f(x)$ gestattet die Ermittlung der Messgröße y aus vorgegebenen Analysenwerten. Sie kann auf Grund naturwissenschaftlicher Gesetze a priori bekannt sein (absolute Kalibration) oder auf experimentellem Wege mit Hilfe von Kalibrierproben erhalten werden. Lineare Kalibrierfunktionen $y = a + bx$ enthalten als Absolutglied a einen Schätzwert für den *Blindwert* y_{BL} sowie die *Empfindlichkeit b* als Anstieg. Bei experimenteller Kalibrationen wird die Kalibrierfunktion durch Regressionsrechnung ermittelt, und zwar muss dazu das Modell der Regression von y auf x verwendet werden ($\widehat{y} = a_{yx} + b_{yx}x$, siehe SACHS [1992], Abschn. 51).

Matrix Unter dem Begriff Matrix fasst man alle Bestandteile zusammen, die außer dem *Analyten* in Analysenproben enthalten sind.

Messgröße Die Messgröße y ist eine Größe, die ein Signal hinsichtlich seiner Intensität quantitativ charakterisiert und die Gegenstand der Messung ist. Entsprechend der allgemeinen metrologischen Größengleichung (z. B. DIN [1994], MILLS et al. [1993]) setzt sich eine Messgröße y zusammen aus dem Produkt von Zahlenwert $\{y\}$ und Einheit $[y]$: $y = \{y\} \cdot [y]$.

Messunsicherheit siehe *Unsicherheitsbereiche*

Messwert Messwerte sind Ergebnisse von Messungen und damit praktische Realisierungen von *Messgrößen*.

Signal Signale sind Träger analytischer Informationen über Analyte. Ein Signal wird in der Regel durch (mindestens) zwei Größen charakterisiert: einen Lageparameter z (Signalposition in einem Spektrum, Chromatogramm etc.) sowie einen Intensitätsparameter y. Unter Signal- bzw. Messwert y versteht man gelegentlich vereinfachend diesen Intensitätswert y_z bei feststehender Signalposition z.

Unsicherheitsbereiche Bereiche, mit denen die *Unsicherheit* von Messergebnissen (siehe Abschn. 3.3.1) charakterisiert werden kann. Im Einzelnen kann es sich handeln um

- **Vertrauensbereiche:**

  - *zweiseitige* **Vertrauensbereiche** (zweiseitige Konfidenzintervalle, two-sided confidence intervals) von Messergebnissen $cnf(\bar{y}) = \bar{y} \pm \Delta\bar{y}_{cnf}$
  - *einseitige* **Vertrauensbereiche** (einseitige Konfidenzintervalle, one-sided confidence intervals) $cnf(\bar{y}) = \bar{y} + \Delta\bar{y}_{cnf}$ als oberen und $cnf(\bar{y}) = \bar{y} - \Delta\bar{y}_{cnf}$ als unteren Vertrauensbereich von Messergebnissen; einseitige Vertrauensbereiche spielen eine Rolle für Grenz- und Schwellenwertbetrachtungen
  - die Größe $\Delta\bar{y}_{cnf} = s_y t_{1-\alpha,\nu}/\sqrt{N}$ stellt den (absoluten) *Abstand der Vertrauensgrenze(n)* des Mittelwertes $\bar{y}$ dar und charakterisiert damit dessen Unsicherheit für eine vorgegebene statistische Sicherheit $P = 1 - \alpha$ (oft für $P = 0,95$)

- **Vorhersagebereiche:**

  - *zweiseitige* **Vorhersagebereiche** (*zweiseitige Prognoseintervalle, two-sided prediction intervals*) $prd(\bar{x}) = \bar{x} \pm \Delta\bar{x}_{prd}$, die die Unsicherheit von Analysenwerten $\bar{x}$ charakterisieren, die über eine Kalibrierfunktion erhalten werden, welche ihrerseits mit einer Unsicherheit behaftet ist (charakterisiert z. B. durch den Vertrauensbereich der Kalibrierkurve)
  - *einseitige* **Vorhersagebereiche** (*einseitige Prognoseintervalle, one-sided prediction intervals*) $prd(\bar{x}) = \bar{x} + \Delta\bar{x}_{prd}$ bzw. $prd(\bar{x}) = \bar{x} - \Delta\bar{x}_{prd}$ als oberer bzw. unterer einseitiger Vorhersagebereich
  - die Größe $\Delta\bar{x}_{prd} = s_{y.x} t_{1-\alpha,\nu=n-2}\sqrt{1/N + 1/n + (x - \bar{x}_k)^2/S_{xx}}$ stellt den (absoluten) *Abstand der Vorhersagegrenze(n)* von einem Analysenmittelwert $\bar{x}$ dar, der über eine Kalibrierfunktion geschätzt wurde.

- *Toleranzbereiche* bzw. *Anteilsbereiche* sind spezielle Unsicherheitsbereiche, die den Charakter von Prognosebereichen besitzen und gegenüber diesen durch zusätzliche, verschärfende Bedingungen charakterisiert werden (siehe Abschn. 3.3 und 4.2).

- Die *erweiterte Unsicherheit* ist ein *Intervall* um das Messergebnis, in dem der Messwert mit einer bestimmten Wahrscheinlichkeit (statistischen Sicherheit P) erwartet werden kann. Sie errechnet sich aus der kombinierten Standardunsicherheit $u_c(y)$ durch Multiplikation mit einem Erweiterungsfaktor k zu $U = k \cdot u_c(y)$, wobei k entsprechend einer bestimmten statistischen Sicherheit festzulegen ist (oft $k = 2$). Das Intervall der erweiterten Unsicherheit ergibt sich dem entsprechend zu $\bar{y} \pm U$ (siehe ISO [1993] und EURACHEM [1995, 1998]).

Symbole

$A(x)$ vereinfachende mathematische Größe zur Ermittlung von $K_{\alpha/2}$ und der Kenngrößen

a Ordinatenabschnitt der Kalibriergeraden, $a \approx \bar{y}_{BL}$ (Kalibrierfunktion: $y = f(x) = a + bx$, Analysenfunktion: $x = f^{-1}(y) = (y - a)/b$, zum „Umkehrproblem" siehe Abschn. 3.3.2)

B vereinfachender mathematischer Ausdruck für die Schreibweise der Formeln für $J_{y(\gamma,\alpha/2)}$ und die Kenngrößen

BEC Untergrund-Äquivalentgehalt (background equivalent concentration)

b Anstieg der Kalibriergeraden, Empfindlichkeit

C Prüfgröße für den Ausreißertest nach COCHRAN zur Erkennung eines Ausreißers in einer Reihe von q' Messwerten;

$C = G_{max}^2 / \sum_{i=1}^{q'} G_i$. Die Signifikanzschranken für C sind in Abhängigkeit vom Signifikanzniveau α_v und von $v = n - 2$ tabelliert (n entspricht hier der Anzahl der Kalibriergehalte bei Einfachbestimmungen)

$cnf(\bar{x})$ zweiseitiges Konfidenzintervall von Analysenmittelwerten $\bar{x}$

$cnf(\bar{y})$ zweiseitiges Konfidenzintervall von Mittelwerten $\bar{y}$

$\mathrm{cov}(x, y)$ Kovarianz zwischen x und y (auch bezeichnet als s_{xy})

D Vereinfachender mathematischer Ausdruck zur Angabe der Bestimmungsgrenze

FNR Falsch-negativ-Rate bei Binäraussagen (false negative rate)

FPR Falsch-positiv-Rate bei Binäraussagen (false positive rate)

G allgemeines Symbol, das sowohl für ein Nettosignal, als auch einen Gehaltswert stehen kann (wird in diesem Sinne nur benötigt für Ableitungen in Abschn. 3.2.1)

$\widehat{G}$ COCHRAN-Testwert

g Größe zur Vereinfachung bestimmter mathematischer Beziehungen

$H(x)$ Verteilung zur Ermittlung der Verfahrenskenngrößen bei Abweichungen der Messwertverteilung von der Normalverteilung mit der Varianz 1 und dem Mittelwert $E(H(x))$

$H_{y(\gamma,\alpha)}$ „Prognoseband" um die Kalibriergerade, das zur Ermittlung des „realen Unsicherheitsintervalls" um Gehaltsangaben (Analysenergebnissen) sowohl das Konfidenzband um die Gerade als auch den statistischen Anteilsbereich (Toleranzbereich) berücksichtigt (In der Praxis nur verwendbar für Bestimmungen mit vorgegebenem N, z. B. Doppelbestimmungen)

I Impulszahlen

I	Größe zur Vereinfachung bestimmter mathematischer Beziehungen
$I_{x(\gamma,\alpha)}$	reales Unsicherheitsintervall der Gehaltsangaben, die über die Analysenfunktion ermittelt werden
$I_{\widehat{x}(0,95)}$	aus $I_{y(0,95)}$ durch Umkehrung der Kalibrierfunktion ermitteltes Prognoseintervall zum Gehalt $\widehat{x}$ ($I_{\widehat{x}(0,95)} = \widehat{x} \pm \Delta y_{0,975}/b$ für bekanntes σ und b)
$I_{y(0,95)}$	zweiseitiges lokales Konfidenzintervall einer Kalibriergeraden für $\alpha = \beta = 0{,}975$ ($I_{y(0,95)} = 2\Delta y_{0,975} = 2u_{0,975}\sigma$)
J	Größe zur Vereinfachung bestimmter mathematischer Beziehungen
$J_{y(\gamma,\alpha/2)}$	Schätzgröße für $T_{y(\gamma)}$ mit der statistischen Sicherheit ($1 - \alpha/2$)
K	Größe zur Vereinfachung bestimmter mathematischer Beziehungen
$K_{\alpha/2}$	Breite des simultanen Konfidenzbandes um die Ausgleichsgerade
k	von KAISER anstelle von $t_{1-\alpha,\nu}$ eingeführter Faktor zur „robusten" Definition von Verfahrenskenngrößen, in ähnlichem Sinne gebraucht als Erweiterungsfaktor bei der Berechnung der erweiterten Unsicherheit U
$k = x/\Delta x$	Kehrwert der relativen Ergebnisunsicherheit zur Definition der Bestimmungsgrenze (DIN 32645 [1994])
k_1, k_2	Faktoren zur Schätzung der unteren und oberen Vertrauensgrenze experimentell ermittelter Standardabweichungen auf der Basis der χ^2-Verteilung
$k_{q,\gamma,\alpha}$	Faktor zur Ermittlung der Kenngrößen unter Vergleichsbedingungen (x_{VEG} bzw. x_{VBG}) aus einem Ringversuch unter Einbeziehung der in q Laboratorien laborintern (unter Wiederholbedingungen) ermittelten Werte x_{EG} und x_{BG}
M	Anzahl der positiven Befunde bei qualitativer Testung von N Proben (Frequentometrie)
m	Anzahl von Kalibrierproben bzw. -gehalten
N	Anzahl der Bestimmungen an einer Analysenprobe
NPV	korrekt negative Entscheidungen (negative predicted values)
n	Gesamtzahl der Kalibrierexperimente (Kalibriermessungen), bei konstanter Anzahl von Wiederholbestimmungen r je Gehalt ist $n = m \cdot r$, ansonsten ist $n = \sum\limits_{i=1}^{m} r_i$
n_y	Anzahl von „Komponenten", aus denen ein Messwert y oder Blindwert y_{BL}, z. B. durch Subtraktion, gebildet wird
n_{BL}	Anzahl der Blindexperimente, auch Anzahl von „Komponenten", aus denen ein Blindwert y_{BL}, z. B. durch Subtraktion, gebildet wird

P	Größe zur Vereinfachung bestimmter mathematischer Beziehungen
P	statistische Sicherheit bei einem Test
$\widehat{P}$	Häufigkeit N/M
PPV	korrekt positive Entscheidungen (positive predicted values)
$prd(\overline{x})$	zweiseitiges Prognoseintervall von Analysenmittelwerten $\overline{x}$
$prd(\overline{y})$	zweiseitiges Prognoseintervall von Messwerten $\overline{y}$
Q	Größe zur Vereinfachung bestimmter mathematischer Beziehungen
q	Anzahl der Laboratorien, die nach Eliminierung von „Ausreißern" in die Auswertung einbezogen werden
q'	Anzahl der an einem Ringversuch beteiligten Laboratorien, $q' \geq q$
$RSDB$	relative Standardabweichung des Untergrundes (relative standard deviation of background)
r	Anzahl der Bestimmungen jedes Kalibriergehaltes
r_{ab}	Korrelationskoeffizient der Größen a und b
S	Empfindlichkeit
S_{xx}	Summe der Abweichungsquadrate der x-Werte vom Mittelwert $\overline{x}$
$S_{xx,\mathrm{w}}$	gewichtete Quadratsumme aller Abweichungen von $\overline{x}_{\mathrm{w}}$
SBR	Signal-Untergrund-Verhältnis (signal to background ratio)
S/R	Signal-Rausch-Verhältnis
S/R_{c}	kritischer Wert für das Signal-Rausch-Verhältnis (kritisches SRV)
s_a, s_b	Standardabweichung der Kalibrationskoeffizienten a (des Achsenabschnittes) bzw. b (des Anstieges der Kalibriergeraden)
$s_{\mathrm{BL}}, s_{y\mathrm{BL}}$	Blindwertstandardabweichung
s_{rest}^2	Schätzwert der Reststreuung der y-Werte um die Ausgleichsgerade
$s_{x,0} = \frac{s_{y,x}}{b}$	Verfahrensstandardabweichung bei vorausgesetzter Homoskedastizität, für s_0^2, die Verfahrensvarianz, gilt $s_0^2 = s_{y_{\mathrm{net}}}^2 = s_y^2 + s_{\mathrm{B}}^2$
s_x, s_y	Schätzgröße der jeweiligen Standardabweichung σ, erhalten auf experimentellem Wege aus einer Stichprobe von endlich vielen Messungen mit ν Freiheitgraden
$s_{x,\mathrm{rel}}, s_{y,\mathrm{rel}}$	relative geschätzte Standardabweichung der im Index genannten Größe
s_{xy}, s_{ab}	Kovarianz zwischen x und y bzw. zwischen a und b, auch bezeichnet als $\mathrm{cov}(x, y)$ bzw. $\mathrm{cov}(a, b)$
$s_{y,x}$	Reststandardabweichung der Messwerte von der Ausgleichsgeraden bei Kalibriermessungen

$snr(y)$	Signal-Rausch-Verhältnis (signal to noise ratio) nach Definition in (3.79)
$T_{y(\gamma)}$	Breite des $(1 - \gamma)$-Toleranzbereiches (Anteilsbereiches)
TNR	Richtig-negativ-Rate bei Binäraussagen (true negative rate)
TPR	Richtig-positiv-Rate bei Binäraussagen (true positive rate)
$t_{1-\alpha,\nu}, t_{1-\beta,\nu}$	Quantile der t-Verteilung für die statistische Sicherheit $1 - \alpha$ bzw. $1 - \beta$ und ν Freiheitsgrade, auch $t_{\alpha,\nu}, t_{\beta,\nu}$
U	erweiterte Unsicherheit eines Messergebnisses entsprechend GUM[2]
$u_c(y)$	kombinierte Standardunsicherheit eines Messergebnisses, ermittelt nach Fehlerfortpflanzungsregeln aus statistischen und nichtstatistischen Streuungsanteilen der einzelnen Schritte des Messverfahrens bzw. von Messinstrumenten
$u_{1-\alpha}, u_{1-\beta}, u_\alpha, u_\beta$	Quantile der Standardnormalverteilung $u = (y - \mu)/s$, auch standardisierte Normalverteilung, $N(0,1)$, genannt
$VB(\bar{x})$	Vertrauensbereich eines Mittelwertes, siehe auch $cnf(\bar{x})$
w	Faktor zur Schätzung der Erfassungsgrenze bei Abweichungen von vereinfachenden Standardbedingungen (Normalverteilungen konstanter Varianz für Analysen- und Blindwerte)
w_i	Gewichtsfaktor (häufig inverse Varianz) für gewichtete lineare Kalibration
x	Analytmengenangabe, z. B. Gehalt bzw. Konzentration
$\hat{x}$	Schätzwert von x
$\bar{x}$	arithmetischer Mittelwert von x
x_{BG}^{ob}	obere Grenze des Prognoseintervalls der Bestimmungsgrenze
x_{EG}^{ob}	obere Grenze des Prognoseintervalls der Erfassungsgrenze
$\bar{x}_K$	Mittelpunkt (Datenschwerpunkt) der Kalibriergehalte
x_q	quadratisches Mittel der Kalibriergehalte
$\bar{x}_w$	gewichteter arithmetischer Mittelwert
y	Messwert
$\hat{y}$	Schätzwert von y
$\bar{y}$	arithmetischer Mittelwert von y
y_{BG}^{ob}	obere Grenze des Messwertprognoseintervalls der Bestimmungsgrenze
y_{EG}^{ob}	obere Grenze des Messwertprognoseintervalls der Erfassungsgrenze
y_{net}, y_0	blindwertkorrigiertes Signal (Nettosignal)
y_c	kritischer Messwert (Signalnachweisgrenze)
z	Standardnormalvariable, $z = (x - \mu)/\sigma$, mit dem Erwartungswert Null und der Standardabweichung 1

---

[2] GUM: *Guide to the Expression of Uncertainty in Measurement* (ISO [1993])

α	Signifikanzniveau bei einem Test (Wahrscheinlichkeit für einen Fehler 1. Art)
β	Wahrscheinlichkeit für einen Fehler 2. Art
γ	Anteil einer Grundgesamtheit zur Definition von Toleranz- bzw. Anteilsbereichen $T_{y(\gamma)}$
$\Delta\bar{x}_{cnf}$	Breite eines einseitigen oder halbe Breite eines zweiseitigen Vertrauensbereiches (confidence interval) von $\bar{x}$
$\Delta\bar{x}_{prd}$	Breite eines einseitigen oder halbe Breite eines zweiseitigen Vorhersagebereiches (Prognoseintervall, prediction interval) von $\bar{x}$
$\Delta\bar{y}_{cnf}$	Breite eines einseitigen oder halbe Breite eines zweiseitigen Vertrauensbereiches (confidence interval) von $\bar{y}$
$\Delta\bar{y}_{prd}$	Breite eines einseitigen oder halbe Breite eines zweiseitigen Vorhersagebereiches (Prognoseintervall, prediction interval) von $\bar{y}$
$\delta_{\alpha,\beta,\nu}$	Quantil der nichtzentralen t-Verteilung
η	„design parameter" zur Berücksichtigung der Versuchsausführung (Anzahl der Wiederholungen, Blindwertkorrektur) auf die Qualität experimentell ermittelter Größen (geschätzter Parameter)
κ_u, κ_{ob}	Faktoren zur Schätzung der unteren und oberen Vertrauensgrenze experimentell ermittelter Standardabweichungen auf der Basis der χ^2-Verteilung
ν	Anzahl der statistischen Freiheitsgrade bei Schätzungen
σ_x, σ_y	Standardabweichung der im Index genannten Größe
σ_x^2, σ_y^2	Varianz der jeweils im Index genannten Größe
$\sigma_{BL}^2, \sigma_{y_{BL}}^2$	Varianz des Blindwertes
$\sigma_{x,rel}, \sigma_{y,rel}$	relative Standardabweichung der im Index genannten Größe
$\Phi_{n,\alpha}$	Faktor zur Schnellschätzung von Verfahrenskenngrößen
$\Phi(y)$	Verteilungsfunktion von $y (\equiv \int \varphi(y)\,dy)$
$\varphi(y)$	Dichteverteilung der Variablen y, im vorliegenden Zusammenhang z. B. Verteilung der Messwerte y bei wiederholter Messung eines konstanten Gehalts

Indizes

A	Analysenproben
B	Untergrundmesswert (background)
BG	Bestimmungsgrenze
BL	Blindproben, Blindwert
DIS	Unterscheidungsgrenze (discrimination limit)
EG	Erfassungsgrenze
K	Kalibrierproben
LSP	Klassifizierungsgrenze (limit of specification)
NG	Nachweisgrenze
SCR	Unterscheidungsgrenze, Screeninggrenze
SL	Screeninggrenze (screening limit)
VBG	Bestimmungsgrenze unter Vergleichsbedingungen
VEG	Erfassungsgrenze unter Vergleichsbedingungen

Abkürzungen

AAS	Atomabsorptionsspektrometrie
AML	Alternatives Minimalniveau (alternative minimal level)
AMS	Acceleration Mass Spectrometry (Beschleunigungs-MS)
BLR	bilineare Regression
BW	(spektrale) Bandbreite (band width)
CF	charakteristische Funktion
CGC	Kaplillargaschromatographie
ELR	einfache lineare Regression
FFP	Eignung für einen bestimmten Zweck (fitness for purpose)
GC	Gaschromatographie
GLR	gewichtete lineare Regression
GUM	Guide to the Expression of Uncertainty in Measurement
HPLC	Hochleistungsflüssigchromatographie
ICP-OES	Optische Emissionsspektroskopie mit induktiv gekoppeltem Plasma
ICP-MS	Massenspektrometrie mit induktiv gekoppeltem Plasma
IDMS	Isotopenverdünnungs-Massenspektrometrie
MS	Massenspektrometrie
OES	Optische Emissionsspektroskopie
OLS	normale Least-Squares-Regression (ordinary least squares)
PHW	physikalische Linienhalbwertsbreite (physical half width)
SAD	Einzelatomnachweis (single atom detection)
SOP	Standardarbeitsvorschrift (standard operation procedure)
SRV	Signal-Rausch-Verhältnis
TRFA	Totalreflexions-Röntgenfluoreszenzanalyse
WFR	Wiederfindungsrate
WLS	gewichtete Least-Squares-Regression (weighted least squares)

1 Einführung

Seit vor mehr als 50 Jahren, initiiert vor allem durch die Arbeiten von HEIN-RICH KAISER, begonnen wurde, mit Hilfe der mathematischen Statistik Kriterien zur Bewertung von Verfahren und Ergebnissen der chemischen Analyse zu definieren, ist die Diskussion um diese Bewertungskriterien, speziell im Zusammenhang mit Spurenanalysen, nicht abgerissen. Eine verwirrende Vielfalt von Definitionen, Begriffen und Bezeichnungen erschwert die Vergleichbarkeit und praktische Nutzung von Zahlenwerten und führt häufig zu Missverständnissen.

Das allgemeine Interesse an dieser Problematik wuchs in dem Maße, wie Gehalte um und unter $1\,\mu g/g$ (im sogenannten ppm- und ppb-Bereich[1]) breitere praktische Bedeutung erlangten. Waren es zuerst Spezialisten, nämlich Geologen und dann Hersteller und Anwender hochreiner Materialien für die Kern- und Halbleitertechnik, die sich für die Ermittlung von Gehalten in diesem Spurenbereich interessierten, so führten in den letzten Jahrzehnten Fortschritte in der Medizin und Erkenntnisse über anthropogene Schadstoffe in der Umwelt zu einem breiten öffentlichen Interesse an analytischen Kontrollen solcher Gehalte. Damit verbunden ist eine ständige Leistungsentwicklung der Spurenanalyse nicht nur in Richtung immer geringerer Mengen bzw. Gehalte von Elementen, die erfasst werden können, sondern auch hinsichtlich der Speziesunterscheidung, d. h. des Erkennens unterschiedlicher chemischer Zustandsformen, also Oxidationsstufen und Bindungsformen, in unterschiedlichen Umweltkompartimenten (Spezies- bzw. Individuenanalytik).

Folgerichtig weitete sich das Anwendungsgebiet der Spurenanalytik im zurückliegenden Jahrzehnt weiter aus, wobei es heute praktisch die gesamte Biosphäre umfasst, insbesondere die menschliche Nahrungskette und große Teile der Gesundheitsfürsorge. Dabei wächst auch der Umfang der zu erfassenden Analyte immer weiter, so dass zunehmend anspruchsvolle Methoden der *Multikomponentenanalytik* eingesetzt werden.

---

[1] 1 ppm (part per million) bezeichnet einen Anteil von 10^{-6} also z. B. einen Gehalt von $10^{-4}\%$, 1 ppb (part per billion, im deutschen Sprachgebrauch: Teil einer Milliarde, Mengenanteil 10^{-9}) entspricht $10^{-7}\%$; als ppm- Bereich wird meist ein Gehaltsbereich von 10^{-3} bis 10^{-6} bezeichnet, als ppb-Bereich entsprechend 10^{-6} bis 10^{-9}. Heute wird die Verwendung von ppm, ppb usw. für Gehaltsangaben nicht mehr empfohlen.

Angesichts der wachsenden Vielfalt von interessierenden Analyten und Matrices sowie der Forderung nach Erfassung immer geringerer Gehalte wächst auch der Anspruch, Verfahren und Ergebnisse der Spurenanalyse an Hand möglichst einfacher Kriterien objektiv zu charakterisieren, um damit

- eine problemangepasste Verfahrensoptimierung und -auswahl zu ermöglichen sowie
- zuverlässige und „justiziable" Ergebnisse zu gewährleisten, die zur Rechtssicherheit beitragen und fahrlässige oder gar bewusste Fehlinterpretationen, die ökonomisch oder ideologisch verursacht sein können, auszuschließen.

Im Laufe der Entwicklung wurden von verschiedenen wissenschaftlichen Schulen und Arbeitskreisen aus mehreren Ländern Definitionen, Bezeichnungsweisen und Symbole zur objektiven und damit vergleichbaren Bewertung spurenanalytischer Verfahren und Ergebnisse eingeführt, die oft schon innerhalb eines Landes, erst recht aber zwischen verschiedenen Sprachräumen nicht kompatibel waren, siehe z. B. ACS [1983], ASTM [1989], FREISER und NANCOLLAS [1978], INCZÉDY et al. [1988], IUPAC [1976], DIN 25482 [1989-2000], DIN 55350 [1991], CURRIE [1995]. Nach mehreren erfolglosen Versuchen, im Interesse länderübergreifender Regelungen, z. B. beim Umweltschutz, eine Harmonisierung herbeizuführen, haben 1993 dann die beiden wichtigsten auf diesem Gebiet tätigen internationalen Organisationen, die IUPAC (International Union of Pure and Applied Chemistry) und die ISO (International Organisation for Standardization) weitgehende Übereinstimmung erzielt und die Ergebnisse in den IUPAC-Empfehlungen von 1995 (IUPAC [1995, 1998]) und im ISO-Standard 11843-1.2 [1995, 1996] (siehe auch ISO [1997]) niedergelegt. Ausführlich dargestellt und kommentiert wurden diese Dokumente von CURRIE [1997, 1999A,B], der dabei eine Reihe von weitergehenden Überlegungen, insbesondere zu präziseren mathematischen Formulierungen, anstellte und auch verbliebene Unterschiede zwischen IUPAC- und ISO-Auffassungen herausarbeitete.

Für Deutschland verbindliche Empfehlungen enthalten die Normen DIN 32645 [1994] und DIN 32646 [2003]. Darin findet man auch sinnvolle Übersetzungen der empfohlenen deutschen Termini ins Englische und Französische.

Eine neue Reihe von ISO-Normen (ISO [2000]) betrifft speziell die Nachweis- und Entscheidungsproblematik bei Radioaktivitätsmessungen. Obwohl die Ableitungen, wie in den vorangegangenen ISO- und IUPAC-Veröffentlichungen auf der Hypothesentestung beruhen, weicht die Terminologie teilweise ab. Daher betont CURRIE [2004] die Notwendigkeit weiterer Bemühungen um Vereinheitlichung oder zumindest Harmonisierung der Konzepte, Bezeichnungsweisen und praktischen Näherungslösungen sowie entsprechender Querverweise in Publikationen. Die inhaltlichen Schwerpunkte künftiger Aktivitäten zur Verbesserung von Zuverlässigkeit und Vergleichbarkeit aller Angaben sieht CURRIE [2004] in der stärkeren Berücksichtigung folgender Aspekte

- Art (Typus) und Verteilung der Blindwerte,
- Gehaltsabhängigkeit der Standardabweichung nahe dem Blindwert,
- Einbeziehung von multiplen und multivariaten Nachweis- bzw. Identifizierungsentscheidungen in die Betrachtungen bei Mehrkomponentenanalysen,
- einheitliche Regelungen für Gehaltsangaben in Grenzbereichen sowie
- Bereitstellung entsprechender Referenzmaterialien.

Die wissenschaftliche und technisch-ökonomische Bedeutung einer leistungsfähigen Spurenanalytik auf der Grundlage zuverlässiger Verfahrensbewertungen und Ergebnisinterpretationen ist seit langem unbestritten. Dabei spielen im Rahmen der Globalisierung in immer stärkerem Maße Abwägungen zwischen ökonomischen und ökologischen Werten sowie gesellschaftlichen Erfordernissen und politisch-ideologischen Aspekten eine Rolle. In diese sieht sich die Analytik oft unversehens einbezogen. In diesem neuen Umfeld hat die Analytik ihre wissenschaftliche Unabhängigkeit und Seriosität in starkem Maße auch durch Angabe unmissverständlicher Angaben zur objektiven Verfahrensbewertung und zuverlässigen Interpretation von Analysenergebnissen zu dokumentieren.

2 Grundlagen

2.1
Definitionen von Kenngrößen und mathematische Modelle

Ungeachtet unterschiedlicher mathematischer Ableitungen und experimenteller Ermittlungen werden stets folgende Grenzwerte zur Verfahrenscharakterisierung herangezogen:

- das kleinste sicher vom Signal einer Blindprobe unterscheidbare Signal eines Analyten, der *kritische Messwert* y_c,
- der kleinste Gehalt x_{EG} (*Erfassungsgrenze*), der mit hoher Wahrscheinlichkeit (statistischer Sicherheit) ein Signal $y \geq y_c$ liefert,
- der kleinste Gehalt x_{BG} (*Bestimmungsgrenze*), der mit *vorgegebener Präzision* (ausgedrückt meist durch die relative Ergebnisunsicherheit $U(x_{BG})/x_{BG}$) quantitativ bestimmt werden kann.

Die Problematik der in der Literatur verwendeten unterschiedlichen Bezeichnungen und Symbole ist aus einer Übersicht (Anhang) ersichtlich. Die hier verwendeten Symbole sind der Arbeit vorangestellt.

2.1.1
Nachweiskriterien

Da Messsignale stochastischen Schwankungen unterliegen, basieren die mathematischen Definitionen auf den Gesetzmäßigkeiten der angewandten Statistik und Wahrscheinlichkeitsrechnung. Deren Grundlagen findet man in allgemeinen oder bereits auf Messtechnik zugeschnittenen Lehrbüchern, z. B. Dixon und Massey [1969], Liteanu und Rica [1980], Massart et al. [1984, 1988], Sharaf et al. [1986], Doerffel [1990], Sachs [1992], Danzer et al. [2001], so dass diese als weitgehend bekannt vorausgesetzt werden dürfen.

Die prinzipiellen statistischen Zusammenhänge sind in Abb. 2.1 veranschaulicht. Die dreidimensionale Darstellung zeigt in der x-y-Ebene eine Kalibriergerade der Form $y = a + bx$ mit Unter- und Obergrenze eines zweiseitigen simultanen Konfidenzbereiches (siehe Abschn. 3.3.2) und auf der z-Achse die relative Häufigkeit $\varphi(y)$, mit der die jeweiligen Messwerte bei

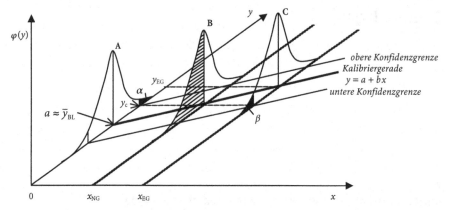

Abb. 2.1. Schematische Darstellung einer Kalibriergeraden der allgemeinen Form $y = a + bx$ mit den Grenzen ihres zweiseitigen Konfidenzbereiches und den Dichteverteilungen der Messgröße y („relative Häufigkeiten") zu den Gehalten $x = x_{BL} \approx 0$ (A), $x = x_{NG}$ (B) und $x = x_{EG}$ (C); y_c kritischer Wert der Messgröße, a Ordinatenabschnitt der Kalibrierfunktion, $\bar{y}_{BL}$ Blindwert, x_{NG} Nachweisgrenze, x_{EG} Erfassungsgrenze, A Verteilung der Messwerte der Blindprobe, B Verteilung der Messwerte einer Probe mit dem Gehalt der Nachweisgrenze, C Verteilung der Messwerte einer Probe mit dem Gehalt der Erfassungsgrenze

„*Wiederholungsbestimmungen*" auftreten. Als solche werden (sofern nicht ausdrücklich anders vermerkt) im vorliegenden Zusammenhang stets *Wiederholungen des gesamten Analysenganges* von der Probennahme bis zur Auswertung der Messdaten bezeichnet, nicht etwa nur Wiederholungen des physikalischen Messprozesses.

Die Darstellung repräsentiert den einfachsten Fall von unabhängigen Messungen einer stetigen normalverteilten Zufallsvariablen y, des Messwertes. Die Varianz von y, σ_y^2, soll konstant sein, d. h. unabhängig von y selbst und damit auch von x. Es wird also von *Varianzhomogenität* (*Homoskedastizität*) ausgegangen.

In der Mathematik werden die dargestellten Verteilungen als Dichteverteilungen $\varphi(y)$ bezeichnet, weil sie die Messwertdichten, also die jeweiligen Erwartungswerte der relativen Häufigkeit für stetige Verteilungen, in Abhängigkeit von der Messgröße y repräsentieren. Die eigentliche Verteilungsfunktion ist das Integral $\phi(y) = \int \varphi(y)\,dy$. Sein Wert zwischen zwei Integrationsgrenzen (also die Fläche unter der Kurve zwischen zwei gegebenen y-Werten) repräsentiert die Wahrscheinlichkeit, Messwerte in diesem Bereich (für ein gegebenes x) zu finden.

Dargestellt sind die Dichteverteilungen der Zufallsvariablen y (Messwertverteilungen) für folgende Gehaltswerte:

- Verteilung A: $x_{BL} \approx 0$ (Blindprobe)
- Verteilung B: $x = x_{NG}$
- Verteilung C: $x = x_{EG}$.

Die Messwertverteilung zur Blindprobe, die den Analyten nicht enthält ($x_{BL} \approx 0$), wird als Blindwertverteilung bezeichnet, ihr Mittelwert als **Blindwert** $\bar{y}_{BL}$.

Ein Messwert y gilt dann als signifikant vom Blindwert unterschieden, wenn er gleich oder größer als der kritische Messwert y_c ist: $y \geq y_c$. Damit ist der Beweis für die Anwesenheit des gesuchten Analyten mit hoher Sicherheit erbracht, weil die Wahrscheinlichkeit, dass der Wert y von einem zufällig stark nach oben streuenden Blindsignal stammt, lediglich durch die kleine schwarze Fläche α unter der Dichteverteilung A gegeben ist.

Mathematisch gilt

$$P\left\{y_A > y_c \middle| x_A = x_{BL}\right\} = \int_{y_c}^{\infty} \varphi(y)\,dy = \phi(y) - \int_{-\infty}^{y_c} \varphi(y)\,dy \equiv \alpha\,. \qquad (2.1)$$

Das *Irrtumsrisiko* α entspricht somit der Wahrscheinlichkeit, einen Blindwert irrtümlich als Signal des Analyten zu deuten. Eine solche *falsche Positiventscheidung* bezeichnet man auch als *Fehler 1. Art* oder „blinden Alarm".

Der zu y_c gemäß Kalibrierfunktion gehörende Gehalt wird im Deutschen traditionell *Nachweisgrenze* x_{NG} genannt, siehe dazu DIN 32645 [1994], KAISER und SPECKER [1956], KAISER [1965, 1966] sowie Abschn. 2.3.1 und 2.4.

Wie aus Verteilung B in Abb. 2.1 zu erkennen ist, erzeugt allerdings der Gehalt x_{NG} nur mit der unzureichenden Wahrscheinlichkeit, die durch den schraffierten Flächenanteil gegeben ist, Signale $y_A \geq y_c$ (unter den angenommenen Bedingungen 50%). Er wird also – grob gesagt – nur in der Hälfte aller Prüffälle nachgewiesen und entspricht damit auch nicht der intuitiven Annahme Außenstehender, die Konzentration des Analyten in der Probe liege unter der Nachweisgrenze, wenn der Analytiker „nichts" gefunden hat.

Erst bei dem deutlich – im dargestellten Fall um den Faktor 2 – höheren Gehalt x_{EG} (Verteilung C) ist das Irrtumsrisiko β, das die Wahrscheinlichkeit einer *falschen Negativentscheidung* (*Fehler 2. Art*, „Signallücke") charakterisiert, also die Wahrscheinlichkeit, den anwesenden Analyten zu übersehen, bis auf den schwarzen Flächenanteil unter der Dichteverteilung C gesunken. Dort gilt

$$P\left\{y_A < y_c \middle| x_A = x_{EG}\right\} = \int_{-\infty}^{y_{EG}} \varphi(y)\,dy = \phi(y) - \int_{y_{EG}}^{\infty} \varphi(y)\,dy \equiv \beta\,. \qquad (2.2)$$

Somit ist x_{EG} der kleinste Gehalt, der (bis auf das Risiko β) *sicher erfasst* (*erkannt, nachgewiesen*) werden kann, wenn das Risiko eines irrtümlichen Nachweises höchstens α sein darf. Er wird jetzt im deutschen Sprachraum als **Erfassungsgrenze**, x_{EG}, bezeichnet (DIN 32645 [1994], Näheres zu den Bezeichnungen siehe Abschn. 2.4.2). Das zugehörige Signal y_{EG} heißt *Messwert an der Erfassungsgrenze*.

Zur numerischen Festlegung der Grenzwerte für gegebenes α und β dient die *standardisierte Normalverteilung* (siehe z. B. DIXON und MASSEY [1969], MASSART et al. [1984, 1988], DOERFFEL [1990], SACHS [1992], DANZER et al. [2001]). Das ist die Verteilung der Standardvariablen u, die sich durch die Transformation[1]

$$u = \frac{y - \mu}{\sigma} \tag{2.3}$$

ergibt. Sie ist eine Normalverteilung mit dem Mittelwert 0 und der Standardabweichung 1. Für die Fläche unter der Dichteverteilung gilt $\phi(u) = \int\limits_{-\infty}^{\infty} \varphi(u)\,du = 1$.

Die Werte für $\phi(u)$ und $\varphi(u)$ sind in den genannten Lehrbüchern und einschlägigen Tafelwerken, z. B. MÜLLER et al. [1973], GRAF et al. [1987], tabelliert, so dass man z. B. den Flächenanteil zwischen zwei (dimensionslosen) Abszissenwerten u_1 und u_2 entnehmen kann.

Demzufolge gelangt man zu einem Zahlenwert für y_c gemäß (2.1), indem man zunächst für das gewählte α den Abszissenwert der Standardnormalverteilung der Tabelle entnimmt und diesen mittels (2.3) unter Verwendung der Parameter der vorliegenden Messwertverteilung transformiert:

$$y_c = \bar{y}_{BL} + u_{1-\alpha}\,s_{y_{BL}}\,. \tag{2.4}$$

Entsprechend ergibt sich y_{EG} zu

$$y_{EG} = y_c + u_{1-\beta}\,s_{y_{EG}} \tag{2.5}$$

bzw. für $s_{y_{BL}} \approx s_{y_{EG}} = s$ und $\alpha = \beta$

$$y_{EG} = \bar{y}_{BL} + 2u_{1-\alpha}\,s\,. \tag{2.6}$$

Mit $u = 3$ betragen die Irrtumsrisiken unter diesen idealisierten Bedingungen an der resultierenden „3σ"- bzw. „6σ"-Grenze (siehe Abschn. 3.1.1) $\alpha = \beta \approx 0{,}001$ (etwa 0,1%), entsprechend $\phi(u = 3) = 0{,}99865$. Wählt man $u = 2$, wachsen die Risiken auf etwa 2,3% an.

Die Variable $u_{1-\alpha}$ wird auch gelegentlich, mit Betonung des Irrtumsrisikos α anstelle der statistischen Sicherheit $1 - \alpha$, als u_α oder $u(\alpha)$ bezeichnet.

2.1.2
Qualitätskriterien für quantitative Bestimmungen

Durch Addition der Streuung des Analysensignals, die gehaltsabhängig ist, und der konstanten Blindwertstreuung nach dem „Eintauchen" des Analytsignals in den analytischen Störpegel nimmt die relative Ergebnisunsicherheit

---

[1] In Anlehnung an SACHS [1992] S. 98 werden als Symbole, die sich auf Parameter der Grundgesamtheit beziehen, mit griechischen Buchstaben bezeichnet (z. B. μ, σ) und Symbole, die sich auf Schätzwerte der Stichprobe beziehen, mit lateinischen Buchstaben (z. B. $\bar{x}, \bar{y}, s$)

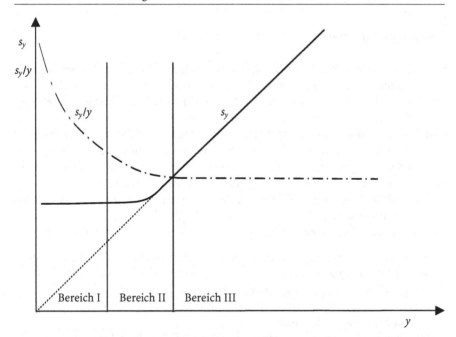

Abb. 2.2. Schematische Darstellung der Abhängigkeit der absoluten und der relativen Standardabweichung des Signals y (s_y bzw. s_y/y) vom Messwert y zwischen Blindwert und Bestimmungsgrenze, nach ZILBERSTEJN [1971], EHRLICH [1973]

Bereich I: $s_y = s_{y_{BL}} \approx$ const, $s_y/y \to \infty$
Bereich II: s_y und s_y/y nahezu konstant (Übergangsgebiet)
Bereich III: $s_y \sim y$, $s_y/y =$ const

$\Delta\bar{y}/\bar{y}$ und damit $\Delta\bar{x}/\bar{x}$ im Spurenbereich rasch zu. Für die relative Standardabweichung des kritischen Signals y_c gilt nach (2.4) im Falle $u = 3$, also für $\alpha = 0{,}001$: $s_y/\bar{y} = 0{,}33$. Für $x \to 0$ strebt der Wert gegen ∞, wie die strichpunktierte Kurve in Abb. 2.2 zeigt.

Die Abhängigkeit der absoluten Standardabweichung s_A vom Signal y_A (x_A) des Analyten A wird im Prinzip durch die ausgezogen Kurve repräsentiert. Sie ist im Bereich I (Störpegel) konstant ($s_y \approx s_{BL}$), beginnt im Bereich II (Übergangsbereich) zu steigen und wächst dicht oberhalb des Störpegels (Bereich III) meist proportional zum Messwert y_A bzw. Gehalt x_A, so dass gilt $s_{y_A}/y_A =$ const.

Aus dem Verlauf dieser *Varianzfunktion* im Übergangsbereich (II), den man experimentell ermitteln, aus theoretischen Überlegungen (z. B. für die Poisson-Verteilung) ableiten oder aus Modellannahmen schätzen kann, lassen sich Grenzgehalte ermitteln, bis zu denen quantitative Bestimmungen mit vorgegebener Präzision möglich sind (Bestimmungsgrenze, siehe Abschn. 2.4.3).

2.2
Erfordernisse der Praxis

Praktisch nutzbare Qualitätskriterien lassen sich prinzipiell nur für umfassend und detailliert in einer Arbeitsvorschrift beschriebene Analysenverfahren ermitteln. Diese ist im allgemeinen an eine fest umrissene Aufgabenstellung gebunden und somit auch an eine begrenzte Variabilität von Probenform und -zusammensetzung. KAISER [1956, 1965, 1966] fasst diese Anforderungen unter dem Begriff „vollständiges Analysenverfahren" zusammen, heute entsprechen sie weitgehend den *Standardarbeitsvorschriften* (*Standard Operation Procedures, SOP*, siehe CHRIST et al. [1992], WEGSCHEIDER [1994]).

Das bedeutet, alle Arbeitsgänge müssen so genau beschrieben werden, dass sie bis auf technische und menschliche Unzulänglichkeiten exakt reproduzierbar sind. Das gilt insbesondere für

– die Gestaltung der Kalibrierexperimente einschließlich der Beschaffung bzw. Herstellung zuverlässiger, dem Analysenmaterial soweit irgend möglich gleichender Blind- und Kalibrierproben,
– Probennahme und -transport sowie -aufbereitung,
– Messanordnung und -regime,
– Messdatenerfassung und -auswertung (speziell Blindwertkorrektur),
– Ergebnisangabe und gegebenenfalls -interpretation,
– spezielle Arbeitsbedingungen wie z. B. Arbeiten in Reinräumen, in Feldlaboratorien vor Ort (Geologie, Umweltüberwachung) oder im Schichtbetrieb nahe von Produktionsanlagen.

Bei Verdacht auf Veränderungen der Arbeitsbedingungen (z. B. Raumtemperatur, Energieversorgung) evtl. auch periodischer Art, die zu systematischen Fehlern führen können, sind Kontrollmessungen und Korrekturen vorzuschreiben, bei schwerwiegenden Veränderungen auch Rekalibrierungen bzw. Neuermittlung der Verfahrensparameter. Alle auf diese Weise nicht zu beherrschenden Schwankungen der Arbeitsbedingungen (einschließlich unvermeidlicher Variation der Probenzusammensetzung innerhalb des vorgegebenen Rahmens), z. B. auch durch Wechsel von Bearbeitern, sind als stochastische Schwankungen, d. h. als *analytischer Störpegel* mitzuerfassen, und zwar durch Randomisierung im Rahmen der Wiederholversuche zur Ermittlung der Verfahrensparameter wie mittlerer Blindwert, Blindwert- bzw. Verfahrensstandardabweichung, Parameter der Kalibrierfunktion. Da dafür im Prinzip jeweils der gesamte Arbeitsgang für Blind- und Kalibrierproben mindestens zehnmal zu wiederholen ist (wobei man daraus auch über die Gültigkeit der Modellannahmen Aufschluss zu erhalten sucht), lassen sich diese theoretischen Forderungen in der analytischen Praxis schon allein wegen des Aufwandes an Zeit und Probenmaterial nur in grober Näherung erfüllen. Abgesehen davon, bergen zu umfangreiche Messreihen wieder die Gefahr des Auftretens systematischer Fehler in sich (GRINZAJD et al. [1977]). Darüber hinaus sind meist wegen eventueller zeitlicher Instabilitäten der Verfahrensparameter in vorzugebenden Zeitabständen Rekalibrierungen erforderlich, auch ohne wesentliche Veränderungen der Arbeitsbedingungen.

In jedem Fall ist wegen dieser unvermeidbaren Unzulänglichkeiten mit einer Unsicherheit der Kenngrößen zu rechnen, die über die errechneten statistischen Schwankungsbereiche hinausgeht.

Falls man, eventuell mittels Varianzanalyse (siehe z. B. DOERFFEL [1990], MASSART et al. [1978], SACHS [1992]), erkennen kann, dass der Störpegel von wenigen Einflüssen dominiert wird, lässt sich der Aufwand der Verfahrensbewertung durch Beschränkung auf die Variation dieser Größen reduzieren (Charakterisierung eines „verkürzten" Verfahrens nach KAISER [1965, 1966]). Ähnliches gilt für die Optimierung einzelner Verfahrensschritte, z. B. der Messanordnung, bei der man den Einfluss der anderen Parameter, z. B. der Probennahme und -aufbereitung, unberücksichtigt lassen kann (siehe Abschn. 3.4). In diesem Zusammenhang sei darauf hingewiesen, dass sich die Kenngrößen, die Gerätehersteller zur Charakterisierung der Leistungsfähigkeit ihrer Produkte angeben, im allgemeinen nur auf solche verkürzten Verfahren beziehen, z. B. auf die Bestimmung eines Analyten in wässriger Lösung.

Das Deutsche Institut für Normung hat versucht, dem Problem der begrenzten Gültigkeit „objektiver" Kenngrößen für das Leistungsvermögen von Analysenverfahren im Spurenbereich teilweise dadurch zu begegnen, dass es zwei Normen herausgegeben hat: eine zur Ermittlung von *„Nachweis-, Erfassungs- und Bestimmungsgrenze unter Wiederholbedingungen"* (DIN 32645 [1994]), d. h. unter vollständig identischen Bedingungen in einem Laboratorium, sowie eine andere zur Ermittlung von *„Nachweis-, Erfassungs- und Bestimmungsgrenze unter Vergleichsbedingungen"*, d. h. unter weitgehend identischen Bedingungen in einem Ringversuch in mehreren Laboratorien (DIN 32646 [2003], siehe Abschn. 4.1 und 4.2).

2.3
Verfahrenscharakterisierung und Ergebnisinterpretation

2.3.1
Zusammenhänge und Unterschiede

Bei der Ermittlung und Angabe der Kenngrößen wird oftmals nicht hinreichend zwischen Verfahrenscharakterisierung und Ergebnisinterpretation unterschieden, was zu Missverständnissen und Fehldeutungen führt.

Bei der Verfahrenscharakterisierung sollen die Kenngrößen im Voraus (a priori) Aufschluss geben über die Leistungsfähigkeit eines Analysenverfahrens bei seiner künftigen Anwendung. Sie dienen also zum Verfahrensvergleich bzw. zur Auswahl des für eine vorliegende Aufgabe bestgeeigneten Verfahrens. Wichtig sind sie damit auch als Validierungskriterien bei Verfahrensentwicklungen bzw. -optimierungen.

Bei der Ergebnisinterpretation geht es darum, den Informationsgehalt des Ergebnisses nach der Analyse (a posteriori) optimal auszuschöpfen.

Wie in Abschn. 2.1 gezeigt, kann man mit Hilfe der Erfassungsgrenze x_{EG} a priori entscheiden, ob ein Verfahren in der Lage ist, einen praktisch bedeutsamen Mindestgehalt x_{min} noch sicher zu erfassen. Gemäß (2.5) enthält die Definition von y_{EG} auch den kritischen Messwert y_c zur Absicherung gegen einen Fehler 1. Art, also irrtümlicher Wertung eines Blindsignals als Signal des Analyten.

A posteriori dient der Vergleich eines gefundenen Messwertes y_i mit y_c der Entscheidung über An- oder Abwesenheit des gesuchten Analyten in der Analysenprobe.

Eine Fehldeutung ist es jedoch, wie Abb. 2.1 zeigt, wenn man den zu y_c gehörenden Gehalt als möglichen Höchstgehalt der Probe interpretiert. Diesen erhält man im Sinne der klassischen Betrachtung bei Verwendung von x_{EG} als a posteriori Kriterium. Der besonders im deutschen Sprachraum verbreitete Irrtum wurde wesentlich dadurch gefördert, dass KAISER in seinen ersten Arbeiten (KAISER [1947], KAISER und SPECKER [1956]) den Fehler 2. Art nicht berücksichtigte und y_c als Nachweisgrenze des Signals und den gemäß Kalibrierfunktion zugehörigen Gehalt als Nachweisgrenze (des Gehalts) x_{NG} bezeichnete. Das kann, wie in Abschn. 2.1 dargestellt, dazu führen, dass der höchstmögliche Gehalt eines Analyten in der Probe um etwa einen Faktor 2 unterschätzt wird. Daraus können in kritischen Fällen der Medizin, Kriminalistik oder geochemischen Prospektion folgenschwere Fehlentscheidungen resultieren. Prinzipiell änderte sich daran auch wenig, als KAISER [1965] später zur Berücksichtigung des Fehlers 2. Art den Begriff „*Garantiegrenze für Reinheit*" einführte (Abschn. 2.4.2). In der angelsächsischen Literatur versteht man heute meist unter „*limit of detection*" (der Übersetzung von „Nachweisgrenze") sinnvollerweise den Gehalt an der Erfassungsgrenze nach dem sogenannten „6σ"-Kriterium (siehe Abschn. 2.1.1, Näheres zur Bezeichnungsweise Abschn. 2.4).

Es lässt sich ableiten (vgl. Abb. 2.1 und zugehörige Ausführungen, Abschn. 2.1.1) dass x_{EG} zugleich der theoretisch niedrigste Wert der Bestimmungsgrenze x_{BG} als Verfahrenskenngröße ist, denn es lässt sich vorhersagen, dass sich die zu y_{EG} gehörige untere Konfidenzgrenze der Messwertverteilung bei y_c mit der Blindwertverteilung überschneidet und damit $x_{BG} = x_{EG}$ den kleinsten „quantitativ" bestimmbaren Gehalt repräsentiert. Allerdings beträgt das Konfidenzintervall in diesem Grenzfall $\pm 100\%$. Es wird mit wachsendem Gehalt bis zum Ende des aus Abb. 2.2 (Abschn. 2.1.2) ersichtlichen Bereiches II schmaler, um dann im Allgemeinen konstant zu bleiben. Die Erfassungsgrenze entspricht dem niedrigsten Gehalt, der als a priori Verfahrenskenngröße dienen kann. Bei der klassischen Vorgehensweise wird sie, wie schon erwähnt, zugleich zur a posteriori Interpretation von Messwerten $y_i \leq y_c$ verwendet, indem sie den Maximalgehalt des Analyten in der Probe repräsentiert.

CURRIE [1997, 1998] wies wiederholt darauf hin, dass bei diesem Vorgehen der Informationsgehalt der Messwerte nicht vollständig ausgeschöpft wird und zur optimalen Interpretation von Messwerten $y_i \leq y_c$ ebenfalls obere Konfidenzgrenzen anzugeben sind. Die damit verbundene Erhöhung des Irrtumsrisikos α ist ohne praktische Bedeutung, weil im Falle eines irrtümlich als Messwert interpretierten Blindwertes der tatsächliche Höchstgehalt in der Probe immer noch unter dem durch die Konfidenzgrenze garantierten läge (siehe Abschn. 6.1).

Da messbare Signale unterhalb eines Grenzwertes nur noch Binärentscheidungen zulassen, wird gelegentlich nicht mehr zwischen qualitativen und quantitativen Analysenverfahren unterschieden. So bezeichnet z. B. HILLEBRAND [2001] y_c und x_{NG} als „qualitative Größen".

Im Entwurf der Neufassung der DIN 32645 [2004] wird gar vorgeschlagen, x_{EG} „Entscheidungsgrenze für die Leistungsfähigkeit eines qualitativen Verfahrens" zu nennen. Das sollte jedoch zur Vermeidung von Missverständnissen nicht übernommen werden, wie in Abschn. 6.2.1 begründet wird.

2.3.2
Verwendung von Kenngrößen zur Verfahrensauswahl und -anpassung für spezielle analytische Aufgabenstellungen

In der Literatur angegebene Verfahrenskenngrößen gelten meist für „durchschnittliche", d. h. generalisierte, aber nicht standardisierte Aufgabenstellungen und Arbeitsbedingungen. Meist handelt es sich um Routineanalysen zur Produktionskontrolle, Umweltüberwachung oder vergleichbare Aufgaben. Es wird angenommen, dass für eine solche Aufgabe das „vollständige Verfahren" im Sinne von KAISER [1956, 1965] bzw. entsprechend heutigen Standardarbeitsvorschriften (SOP) hinreichend exakt durch die Kenngrößen charakterisiert ist. Das bedeutet, dass diese auf der Basis einer genügend hohen Anzahl von Wiederholungsanalysen unter Praxisbedingungen ermittelt wurden, das Verfahren auf Robustheit geprüft wurde (siehe z. B. DANZER [2004]) und im Verlaufe der Validierung festgelegt wurde, welche Forderungen bezüglich Rekalibrierung und damit Neubewertung der Kenngrößen existieren. Selbstverständlich müssen neben den Parametern der zugrundeliegenden Kalibrierfunktion auch die gewählten Irrtumsrisiken α und β sowie die Zahl der Parallelbestimmungen bei der Analyse (N) bekannt sein.

Sind diese Bedingungen nicht erfüllt oder nur unzureichend bekannt, ist vor Anwendung des Verfahrens und insbesondere vor Verwendung der Kenngrößen zur Ergebnisinterpretation die aufwändige Neubewertung unerlässlich. Das ist besonders dann lästig, wenn es sich um eine zeitlich begrenzte oder womöglich einmalige Aufgabe handelt. In manchen Fällen ist dann eine rechnerische Anpassung ohne Experimente unter den veränderten Bedingungen möglich. Das gilt z. B. wenn nur die Anzahl der zur Mittelwertbildung herangezogenen Parallelanalysen N erhöht wird, um y_c zu verringern, oder wenn man

das Irrtumsrisiko α dem der aktuellen Aufgabenstellung anpasst, es z. B. verringert, um folgenschwere Fehlentscheidungen, z. B. in der Kriminalistik und
Justiz (irrtümliche Verurteilungen) oder in der Labordiagnostik und Medizin
(unnötige Eingriffe) mit größerer Sicherheit auszuschließen[2].

Für eine einmalige Kontrolle einer speziellen Probe kann die Alternative zur
aufwändigen Verfahrenscharakterisierung in einem Mittelwertsvergleich der
Ergebnisse bestehen, die an Blind- und Analysenproben erhalten werden, und
zwar mit dem gleichen Verfahren unter identischen Bedingungen, aber jeweils
unabhängig voneinander. Der Vergleich wird mittels t-Test durchgeführt, wobei man unabhängige normalverteilte Messwerte voraussetzt (siehe dazu z. B.
DOERFFEL [1990]).

Für beide Messreihen werden dann Mittelwert und Standardabweichung
aus jeweils dem gleichen Datensatz ermittelt, die Standardabweichungen dürfen sich nicht signifikant voneinander unterscheiden (falls doch, muss der
allgemeine T-Test durchgeführt werden, siehe dazu EBEL [1993]). Durch Er-
weiterung des Tests kann man im Falle der Ablehnung der Nullhypothese
$H_0 \colon \bar{y}_A = \bar{y}_{BL}$ das Risiko β ermitteln, mit dem die Aussage „gesuchter Analyt
anwesend" behaftet wäre. Diese sinkt naturgemäß mit wachsender Differenz
$\Delta = \bar{y}_A - \bar{y}_{BL}$, siehe EHRLICH [1978].

2.4
Terminologie

Probleme der Terminologie erschweren die Bemühungen um nachvollziehbare
und praktisch nutzbare Kriterien zur Verfahrens- und Ergebnisbewertung
erheblich. Es soll deshalb durch die folgenden Erläuterungen versucht werden,
Missverständnisse abzubauen und die verwendeten Bezeichnungsweisen zu
begründen und verständlich zu machen.

In Deutschland beschäftigte sich HEINRICH KAISER sehr früh mit der Anwendung der mathematischen Statistik zur Verfahrens- und Ergebnisbewertung in der Analytik (KAISER [1936A, B, 1947]) und dabei im besonderen Maße
mit Anwendungsgrenzen im Spurenbereich (KAISER und SPECKER [1956],
KAISER [1965, 1966]). Die von ihm gewählten Bezeichnungsweisen blieben bis
heute prägend, obwohl einige von ihnen aus heutiger Sicht zu Missverständnissen Anlass geben, worauf besonders eingegangen werden soll.

---

[2] Theoretisch lässt sich der *kritische Messwert* durch Erhöhung der Anzahl der Parallelanalysen „beliebig" verringern. Praktisch steigt jedoch der Aufwand wegen des Qua-
dratwurzelgesetzes viel rascher als der Informationsgewinn. Auch die Gefahr des Auftretens systematischer Fehler mit der Erhöhung der Versuchsanzahl setzt rasch praktische
Grenzen

2.4.1
Oberbegriffe: Empfindlichkeit und Nachweisvermögen

Kaiser [1965] hat als erster darauf hingewiesen, dass in der Messtechnik generell als *Empfindlichkeit* das Verhältnis von Messgröße zu Eingangsgröße bezeichnet wird. Dem entspricht in der Analytik der Differentialquotient der Kalibrierfunktion $y' = dy/dx$ und im Falle einer linearen Funktion der Differenzenquotient $\Delta y/\Delta x$, der den Anstieg der Kalibriergeraden darstellt.

Das Leistungsvermögen eines Analysenverfahrens hängt aber nicht allein von dieser Empfindlichkeit ab, sondern wird auch bestimmt vom analytischen Störpegel, der dem Rauschen in der elektrischen Messtechnik entspricht und z. B. durch die Blindwertstandardabweichung repräsentiert wird. Dabei müssen zu deren Ermittlung alle Ursachen für stochastische Signalschwankungen, also alle Rauschquellen, erfasst werden. Eine Erhöhung der Empfindlichkeit, z. B. durch die Verwendung eines empfindlicheren (tiefer färbenden) Reagenzes, bringt keine Vorteile, wenn dadurch auch die Blindsignale im gleichen Maße mit verstärkt werden. Das entspräche der „leeren Vergrößerung" eines mikroskopischen Bildes, z. B. durch Dia-Projektion.

Erhöht werden muss stattdessen das *Signal-Rausch-Verhältnis* (siehe Abschn. 3.4). Das kann durch Verringerung des Störpegels bei konstanter Empfindlichkeit gelingen oder durch Steigerung der Empfindlichkeit bei konstant gehaltenem Störpegel. Voraussetzung für eine solche Optimierung ist, dass der Störpegel überhaupt mit erfasst werden kann, das Messsystem also nicht zu grob ist[3].

Kaiser [1965] hat als Oberbegriff für die aus dem Signal-Rausch-Verhältnis abgeleiteten Qualitätskriterien von Analysenverfahren (in Analogie zum Auflösungsvermögen in der Optik) die Bezeichnung *Nachweisvermögen* eingeführt, die sich in der deutschsprachigen Fachliteratur durchgesetzt hat (Ehrlich [1969], Svoboda und Gerbatsch [1968]) und heute als verbindlich gilt (DIN 32645 [1994], ISO CD 1843-1.2 [1995/96], Currie [1995, 1997, 1999A], Doerffel [1990]), wenn auch gelegentlich dafür noch fälschlicherweise „Empfindlichkeit" oder „Nachweisempfindlichkeit" zu finden ist bzw. umgangssprachlich verwendet wird. Dagegen kann der Begriff *Nachweisstärke* problemlos als Synonym für Nachweisvermögen verwendet werden. Quantifiziert wird das Nachweisvermögen in der Regel nicht oder nur größenordnungsmäßig.

Der Vorschlag von Hartmann [1989], zur Vermeidung von Missverständnissen in Analogie zur Erfassungsgrenze (Abschn. 2.4.2) von „Erfassungsvermögen" zu sprechen, ist zwar logisch, aber kaum durchsetzbar, ohne weitere Verwirrung zu stiften.

Im Englischen wird *Nachweisvermögen* als „*detection power"* oder „*detection capacity"* bezeichnet, doch findet man daneben noch „*sensitivity"* (Feigl

---

[3] Zu grobe Messsysteme wären z. B. Waagen, Photometer oder elektrochemische Messeinrichtungen, die keine Blindwertschwankungen anzeigen

[1958], KOCH [1960], GABRIELS [1970]) oder *„detection sensitivity"* (WING und WAHLGREEN [1967]) in dieser Bedeutung.

WINEFORDNER und STEVENSON [1993] leiteten aus dem Signal-Rausch-Verhältnis spezielle Nachweiskriterien für Absolutmengen bis hin zum Einzelatomnachweis mittels spektroskopischer Techniken ab (Abschn. 3.4.2).

2.4.2
Nachweis- und Erfassungsgrenze

Als untere Anwendungsgrenze eines Verfahrens definierte KAISER den kleinsten *sicher* (d. h. bis auf das Irrtumsrisiko α) vom Blindwert zu unterscheidenden Messwert und bezeichnete ihn als *Nachweisgrenze des Signals* (dort $\underline{x}$), und den gemäß Kalibrierfunktion zugehörigen Gehalt als *Gehalt an der Nachweisgrenze* (dort $\underline{c}$). Seitdem ist diese anschauliche Bezeichnung, deren Bedeutung für jeden einleuchtend ist, vergeben. Von Uneingeweihten wird der Gehalt an der Nachweisgrenze jedoch häufig als der kleinste Gehalt interpretiert, den das Verfahren noch sicher nachweisen kann, während er, wie in Abschn. 2.1 dargestellt, nur in 50% aller Fälle gefunden wird, was teilweise zu folgenschweren Fehldeutungen führen kann, wie in Abschn. 2.3.1 erläutert wurde.

Hingewiesen auf die Notwendigkeit, bei der Definition des kleinsten sicher nachweisbaren Gehaltes auch das Irrtumsrisiko β klein zu halten, definierte KAISER [1965] mit der Bedingung $\alpha = \beta$ die *Garantiegrenze für Reinheit*. Dieser Begriff ist jedoch – abgesehen von der sprachlichen Umständlichkeit – aus drei Gründen zur Verfahrenscharakterisierung ungeeignet:

(1) es ist im allgemeinen mit Informationsverlust verbunden, wenn man einen Grenzwert, der zur a priori Charakterisierung des Verfahrens dient, zur a posteriori Interpretation von Messwerten verwendet (CURRIE [1997, 1999A]), siehe Abschn. 2.3.1,

(2) der Höchstgehalt in einer Analysenprobe darf zur Garantie der Materialreinheit nur bei ausreichender Materialhomogenität verwendet werden, oder es muss, wie KAISER [1966] einräumte, die durch die Materialinhomogenität bedingte Streuung, z. B. durch Analyse verschiedener Proben, gesondert ermittelt und berücksichtigt werden,

(3) die Bezeichnung *Garantiegrenze* ist keine klar erkennbare Alternative zum Begriff *Nachweisgrenze* in dem Sinne, dass sie das Risiko der o. g. Fehlinterpretation des Gehaltes an der Nachweisgrenze deutlich verringert.

Deshalb setzte sich im deutschsprachigen Raum die in den 60er Jahren wiedereingeführte Bezeichnung *Erfassungsgrenze* (EHRLICH [1967, 1969], EHRLICH und GERBATSCH [1967], EHRLICH et al. [1969], SVOBODA und GERBATSCH [1968]) für den oberen Grenzwert besser durch (DIN 32645 [1994]), die auf Grund von entsprechenden Beobachtungen österreichischer Chemiker lange vor der statistischen Messwertverarbeitung eingeführt worden war. Beim Studium qualitativer mikrochemischer Nachweise (meist Farbreaktionen) in Lösungen wachsender Verdünnung bemerkte BÖTTGER [1909] eine „Schwankungsbreite der Resultate" und EMICH [1910] sprach von einem „Konzentrationsbereich der unsicheren Reaktion", in dem die Nachweisreaktion nur manchmal gelingt und der durchlaufen wird, bevor sie endgültig ausbleibt. Dieser Bereich ist nach heutiger Formulierung der Bereich zwischen KAISERscher Nachweisgrenze und Erfassungsgrenze. FEIGL [1923] schlug vor, als Verfahrenskenngröße die obere Grenze dieses Bereiches anzugeben, also die kleinste Konzentration, deren Nachweis „anstandslos" gelingt, und diese als *Erfassungsgrenze* zu bezeichnen.

Obwohl neben dieser Angabe des kleinsten sicher nachweisbaren Gehaltes eine weitere Kenngröße nicht benötigt wird und eher zur Verwechslung Anlass geben kann (EHRLICH [1969], BOUMANS [1978], LITEANU et al. [1976]), wurde im Deutschen die Bezeichnung Nachweisgrenze für den dem kritischen Messwert entsprechenden Gehalt beibehalten (DIN 32645 [1994]), weil eine Umdeutung dieses fest eingebürgerten Begriffs noch stärkere Verwirrung auslösen könnte. Er sollte jedoch weitgehend vermieden und aus der Literatur nicht ungeprüft übernommen werden.

Im Laufe der vergangenen Jahre ist eine große Vielfalt von unterschiedlichen Bezeichnungen für die Kenngrößen zur Verfahrenscharakterisierung und Ergebnisinterpretation entstanden. Diese sind, ohne Anspruch auf Vollständigkeit, im Anhang zusammengestellt. Dabei ist besonders zu beachten, dass mehrfach der gleiche Fachausdruck für verschiedene Größen verwendet wird und umgekehrt eine Größe mitunter unterschiedliche Bezeichnungen trägt. Bei Nichtbeachtung dieser Unterschiede in der Terminologie kann es zu untereinander scheinbar widersprüchlichen Aussagen kommen (ZITTER und GOD [1970]). Dabei hat sich in verschiedenen Fachgebieten, „Schulen" und Regionen der Sprachgebrauch soweit verfestigt, dass trotz aller Versuche zur Harmonisierung eine Vereinheitlichung kein realistisches Ziel ist. Deshalb ist zu fordern, bei der Charakterisierung eines Verfahrens bzw. der Bewertung eines Ergebnisses auf der Basis von Kenngrößen, neben der ausführlichen Arbeitsvorschrift stets auch Angaben zur Definition, Ermittlung und zum Gültigkeitsbereich der verwendeten Kriterien anzufügen. Literaturdaten müssen entsprechend kritisch betrachtet werden.

Das gleiche gilt für den angelsächsischen Sprachraum. Zunächst diente der Begriff *detection limit* (bzw. *limit of detection*) als Übersetzung für *Nachweisgrenze* im KAISERschen Sinne (FREISER und NANCOLLAS [1987]). BOUMANS [1978] schlug als Ergänzung dazu vor, entsprechend der *Erfassungsgrenze*, die *limit of identification* einzuführen. In neuerer Zeit wird jedoch zunehmend und folgerichtig dieser (höhere) Grenzwert als *limit of detection* bezeichnet (CURRIE [1995, 1997, 1999A], DIN 32645 [1994], HARTMANN [1989], WILRICH et al. [1993], ISO CD 1843-1.2 [1995/96], INCZÉDY et al. [1988]), wie das einige Autoren schon ehedem ohne Beachtung der KAISERschen *Nachweis-*

grenze getan haben (ACS [1983], CURRIE [1968], GABRIELS [1970], LITEANU et al. [1976]). Man definiert dann die *untere Grenze* entweder nur im Signalraum und bezeichnet y_c als *critical value* (CURRIE [1995, 1997, 1999A], HARTMANN [1989], WILRICH et al. [1993], ISO CD 1843-1.2 [1995/96]) oder verwendet den sowohl im Signal-, als auch Gehaltsraum zutreffenden Begriff *decision limit* (DIN 32645 [1994], LITEANU et al. [1976]). Daneben existiert eine Fülle weiterer Bezeichnungen und Begriffe (Anhang), die, wie im Deutschen, teils unsauber gebraucht oder verwechselt werden, so dass auch hier Zusatzangaben zur Eindeutigkeit unerlässlich sind (LONG und WINEFORDNER [1983], SHARAF et al. [1986]).

2.4.3
Bestimmungsgrenze

Im Gegensatz zu den Nachweiskriterien lässt sich die *Bestimmungsgrenze* nicht aus einem mathematischen Modell ableiten, sondern wird aufgabenbezogen festgelegt. Demzufolge findet man in der Literatur sehr verschiedene Definitionen und Bezeichnungsweisen sowie unterschiedliche Vorgehensweisen und Bedingungen zur jeweiligen Ermittlung. Deshalb ist besondere Aufmerksamkeit geboten bei der Übernahme bzw. Wertung entsprechender Angaben. Einige Autoren lehnen die Bestimmungsgrenze als Verfahrenskenngröße überhaupt ab (LUTHARDT et al. [1987][4], DANZER et al. [2001, S. 321], HUBER [2002]).

Auf der Grundlage des in Abschn. 2.1.2 vorgestellten Modells wird meist, nach KAISER [1947], *der* Gehalt als Bestimmungsgrenze bezeichnet, oberhalb dessen quantitative Bestimmungen mit aufgabenspezifisch festgelegter Präzision möglich sind, und zwar mit teilweise unterschiedlichen Detailfestlegungen (IUPAC [1995], DIN 32645 [1994], CURRIE [1995, 1997], siehe Abschn. 3.2, 4.1 und 4.2).

Häufig liegt die so definierte Bestimmungsgrenze etwa $10s_{s_{BL}}$-Einheiten oberhalb des mittleren Blindwertes. Auf der Basis von $10s_{s_{BL}}$ definierten ZORN et al. [1997, 1999] als „Quantifizierungsgrenze" ein *Alternative Minimal Level* (*AML*, siehe Abschn. 3.3.4).

Der von KAISER [1965] vorgeschlagene und sehr zutreffende Begriff „*Präzisionsgrenze*" mit Angabe der zugrundeliegenden Präzision als relativer Standardabweichung hat sich leider nicht durchgesetzt.

Bei Anwendung der DIN 32645 [1994] in der Praxis wird besonders die Bestimmungsgrenze gelegentlich abweichend definiert (siehe Abschn. 4.3).

MONTAG [1982] sowie EBEL und KAMM [1983] betrachten die Erfassungsgrenze als Bestimmungsgrenze, weil sie den geringsten Gehalt repräsentiert, der überhaupt quantitativ, d. h. mit einem Konfidenzintervall versehen, ermittelt werden kann.

---

[4] LUTHARDT et al. [1987] verwenden den Begriff „Bestimmungsgrenze" im Sinne von Erfassungsgrenze und bezeichnen den kritischen Messwert als „Erfassungsgrenze"

HILLEBRAND [2001] bezeichnet als Bestimmungsgrenze den Quotienten aus dem experimentell ermitteltem absoluten Vertrauensbereich $VB_{exp}(x_{BG})$ und dem für eine bestimmte Aufgabe geforderten relativen Vertrauensbereich $VB_{geford}(x_{BG})_{rel}$ gemäß $x_{BG} = VB_{exp}(x_{BG})/VB_{geford}(x_{BG})_{rel}$[5].

Für Rückstandsanalysen im Umwelt- und Gesundheitsschutz wird verlangt, dass an der Bestimmungsgrenze neben einer Mindestpräzision von $\Delta x/x = 0{,}2$ auch eine Wiederfindungsrate zwischen 70% und 120% (WFR $= 0{,}7...1{,}2$) gewährleistet sein muss (HÄDRICH und VOGELGESANG [1999A]). Primär sind dabei jedoch immer Präzision *und* Richtigkeit, die Wiederfindungsrate allein ist – entgegen landläufigen Meinungen – noch kein ausreichendes Kriterium.

Für die Bestimmungsgrenze findet man im englischen Sprachgebrauch neben *determination limit* (DIN 32645 [1994], BOUMANS [1978], CURRIE [1968], LITEANU et al. [1976], GEISS und EINAX [2001]) auch *quantitation limit* (ACS [1983], LONG und WINEFORDNER 1983) und *quantification limit* (CURRIE [1995, 1997, 1999A]).

---

[5] Wie bei anderen Definitionen (z. B. DIN 32645 [1994]), besteht auch hier das Problem der iterativen Annäherung an x_{BG} wegen $x_{BG} = f(x_{BG})$

3 Mathematische Näherungslösungen zur Ermittlung der Kenngrößen

Die Zuverlässigkeit und der Gültigkeitsbereich von Kenngrößen zur Bewertung analytischer Verfahren und Ergebnisse wird nicht nur begrenzt durch die in Abschn. 2.3 genannten Probleme der Definition, exakten Beschreibung und experimentellen Realisierung eines *vollständigen Analysenverfahrens*, sondern auch durch die Notwendigkeit, zur korrekten Lösung der mathematischen Ansätze, die an sich relativ simpel sind, die komplexe Realität in mehr oder weniger vereinfachender Weise durch Modelle zu beschreiben, um mit vertretbarem Aufwand zu brauchbaren Aussagen zu gelangen (HARTMANN [1989]).

Mit nur sehr wenigen Prämissen gelangt man zu relativ allgemeingültigen *sicheren* bzw. *zuverlässigen*, aber wenig *prägnanten* bzw. *präzisen* Aussagen. Das heißt im vorliegenden Fall, bei Verzicht auf bestimmte Informationen, die unter speziellen Voraussetzungen aus den Ergebnissen entnommen werden können, nutzt man die vorhandenen Möglichkeiten auf konservativem Wege nicht aus, sondern beurteilt Verfahren oder Ergebnisse zu *pessimistisch*. Allerdings darf das Modell nicht maßgebende Parameterschwankungen bzw. -unsicherheiten vernachlässigen, sonst tritt das Gegenteil ein und es wird ein ungerechtfertigt gutes Nachweisvermögen vorgetäuscht (Abschn. 3.1.3.3). Andererseits können auch Modellverfeinerungen unter falschen Voraussetzungen zu systematischen Fehlern der Kenngrößen führen, die ein zu gutes Nachweisvermögen vortäuschen und dadurch unter Umständen zu folgenschweren Fehlentscheidungen führen.

In diesem Sinne unterscheiden sich die mathematischen Ansätze zur Ableitung von Gleichungen voneinander, die zur Ermittlung der Kenngrößen in den folgenden Abschnitten vorgestellt werden.

3.1
Der induktive Weg nach Kaiser

Im Bestreben, dem in der Praxis wirkenden Analytiker Kenngrößen zur Bewertung seiner Verfahren und Ergebnissen in die Hand zu geben, die robust sind, relativ einfach ermittelt werden können und auch ohne Kenntnis des theoretischen Hintergrundes korrekt anwendbar sind, dazu noch möglichst große Sicherheit vor Fehlschlüssen bieten, ging KAISER bei der Ableitung seiner Gleichungen von den folgenden stark vereinfachenden Annahmen aus:

- Die Messwerte sind *stetige, normalverteilte* Zufallsvariable y, deren Varianz σ_y^2 im interessierenden Gehaltsbereich unabhängig vom Messwert und damit vom Gehalt ist (*Homoskedastizität*).
- Messwerte y und Gehalt x sind durch eine fehlerfrei bekannte lineare Kalibrierfunktion $y = a + bx$ verknüpft, deren Umkehrung $x = f^{-1}(y) = (y - a)/b$, die Analysenfunktion, zur Gehaltsbestimmung verwendet wird.
- Es ist möglich, für den Blindwert und dessen Schwankungen (Störpegel) die hinreichend zuverlässigen und zeitlich stabilen Schätzgrößen $\bar{y}_{BL}$ und $s_{y_{BL}}$ zu ermitteln. Dabei gilt $\bar{y}_{BL} = a$.

3.1.1
Nachweiskriterien

Wird $s_{y_{BL}}$ mit v statistischen Freiheitsgraden ($v = n - 1$) geschätzt, so ergibt sich für blindwertkorrigierte Messwerte y der kritische Messwert y_c gemäß (2.4) zu

$$y_c = \bar{y}_{BL} + t_{1-\alpha,v}\, s_{y_{BL}} \ . \tag{3.1}$$

Die $t_{1-\alpha,v}$-Faktoren sind die in Lehrbüchern der Statistik und in einschlägigen Tabellenwerken zu findenden Integralgrenzen der STUDENTschen t-Verteilung (Quantile der t-Verteilung) für *einseitige* Fragestellungen (z. B. DOERFFEL [1990], MASSART et al. [1984], SACHS [1992], GRAF et al. [1987]). Die für die analytische Praxis interessierenden Werte liegen für 10 Blindwertbestimmungen zwischen $t_{0,95;9} = 1,83$ und $t_{0,99;9} = 2,82$ und für 20 Blindwertbestimmungen zwischen $t_{0,95;19} = 1,73$ und $t_{0,99;19} = 2,54$. Weniger als 10 Blindversuche sollten nicht ausgeführt werden, weil $t_{1-\alpha,v}$ dann rasch zunimmt. Mehr als 20 Versuche bringen andererseits nur hohen Aufwand, aber kaum Gewinn.

Hinsichtlich der Standardabweichung $s_{y_{BL}}$ sind zwei Punkte zu beachten, um zu Werten zu gelangen, die das Verfahren zuverlässig charakterisieren:

(1) $s_{y_{BL}}$ soll die für das Analysenverfahren maßgebenden Messwertschwankungen charakterisieren, die KAISER mit dem Symbol s^* kennzeichnete. Das ist nur dann „automatisch" der Fall, wenn der Blindwert exakt in der gleichen Weise ermittelt wird wie der Analysenwert, also z. B. im Falle der Zweistrahl-Spektralphotometrie durch individuelle Differenzmessungen jeder Probe und Blindprobe gegen eine Vergleichsprobe, die oft auch eine Blindprobe ist. Die Standardabweichung dieser Differenzmessung ist nach dem Fehlerfortpflanzungsgesetz um den Faktor $\sqrt{2}$ größer als die Standardabweichung aus einer Reihe *einfacher* Blindwertmessungen, $s^* = \sqrt{2}s_{y_{BL}}$. Würde man jeden Messwert individuell mit Messergebnissen an *zwei* Referenzproben korrigieren, z. B. je einer vor und nach der Analysenmessung, so wäre $s^* = \sqrt{3}s_{y_{BL}}$. Andererseits erniedrigen sich Standardabweichungen um den Faktor $1/\sqrt{n_{BL}}$ bzw. $1/\sqrt{N}$, wenn

der verwendete Messwert ein Mittelwert aus n_{BL} bzw. N Parallelbestimmungen ist. Für eine Korrektur der Analysenwerte durch Subtraktion der
zugehörigen Blindwerte, wobei die Blindwerte aus n_{BL} und die Analysenwerte y_A aus N Parallelversuchen gemittelt werden, ergibt sich allgemein

$s^* = \sqrt{\frac{s_{y_{BL}}^2}{n_{BL}} + \frac{s_{y_A}^2}{N}}$. Daraus folgt für $s_{y_{BL}} \approx s_{y_A}$ und $n_{BL} = N = 1$ die Bezie-

hung $s^* = \sqrt{2}\, s_{y_{BL}}$, die KAISER und SPECKER [1956] im Zusammenhang mit
der Untergrundkorrektur für photographisch registrierte Emissionsspek-
trallinien abgeleitet haben[1]. Praktische Bedeutung hat die Anwendung des
Fehlerfortpflanzungsgesetzes, das bei anderen Korrekturen als der Differenzbildung zu komplizierteren Gleichungen führt, überall dort, wo die
direkte Ermittlung der Blindwertstandardabweichung $s_{y_{BL}}$ einfacher oder
sicherer ist, als die Schätzung von s^* durch vollständige Nachbildung des
Analysenprozesses beim Blindversuch. Beispiele dazu findet man in den
Publikationen von EHRLICH und GERBATSCH [1966], HOBBS und SMITH
[1966] und KAISER [1970].

(2) Soll die t-Verteilung zur Ableitung eines Prognoseintervalls künftiger Ergebnisse dienen, um eine a priori Verfahrensbewertung vorzunehmen,
so ist auch die Unsicherheit des Schätzwertes s zu berücksichtigen (im
Gegensatz zum a posteriori Mittelwertsvergleich an einem Datensatz, aus
dem s geschätzt wurde, vgl. DOERFFEL [1990], Kap. 7, EHRLICH [1978]).
Um die durch diese Unsicherheit bedingte Erhöhung des Fehlers 1. Art
über das gewählte Irrtumsrisiko α hinaus zu kompensieren, ist anstelle von
$s_{y_{BL}}$ dessen obere Konfidenzgrenze $\kappa^{ob}\, s_{y_{BL}}$ einzusetzen. κ^{ob} erhält man mit
Hilfe der tabellierten χ^2-Verteilung (z. B. DOERFFEL [1990], MASSART et al.
[1984], SACHS [1992], GRAF et al. [1987]) nach der Beziehung $\kappa^{ob} = \sqrt{\frac{\nu}{\chi^2_{1-\alpha}}}$.
Näheres speziell zu Vertrauensbereichen von Standardabweichungen fin-
det man bei DOERFFEL [1990, S. 84] und SACHS [1992, S. 345]. KAISER
[1965] hat für gängige Werte von α und ν die κ^{ob}-Werte (von ihm als h_2
bezeichnet) tabelliert angegeben. Das Problem wird auch in Abschn. 3.2.1
und behandelt.

Der dem kritischen Messwert y_c entsprechende Gehalt, die **Nachweisgrenze**
x_{NG} (DIN 32645 [1994]) ergibt sich durch Einsetzung von y_c gemäß (3.1) in die
nach x aufgelöste Kalibrierfunktion unter der Voraussetzung $\bar{y}_{BL} = a$ zu

$$x_{NG} = \frac{\bar{y}_{BL} + t_{1-\alpha,\nu}\, s_{y_{BL}} - a}{b} = \frac{t_{1-\alpha,\nu}\, s_{y_{BL}}}{b}\,. \tag{3.2}$$

---

[1] Viele der bedeutsamen Arbeiten zum Nachweisvermögen sind am Beispiel der Emissionsspektralanalyse mit photographisch registrierten Spektren abgehandelt und verifi-
ziert worden. Deshalb werden hier entsprechende Beispiele verwendet, auch wenn diese
Analysenmethode heute nur noch historisches Interesse besitzt

Für das zweite Kriterium, die **Erfassungsgrenze** x_{EG} (DIN 32645 [1994]) folgt aus (2.5)

$$y_{EG} = y_c + t_{1-\beta,\nu}\, s_{y_{BL}} = y_{BL} + 2t_{1-\alpha,\nu}\, s_{y_{BL}} \qquad (3.3)$$

und für $\alpha = \beta$, $s_{y_{EG}} \approx s_{y_{BL}}$ und $\bar{y}_{BL} = a$

$$x_{EG} = \frac{2t_{1-\alpha,\nu}\, s_{y_{BL}}}{b}, \qquad (3.4a)$$

womit gilt

$$x_{EG} = 2x_{NG} . \qquad (3.4b)$$

Um zu relativ einfach handhabbaren, einheitlichen Kriterien zu gelangen, die zumindest grobe Verfahrensvergleiche ermöglichen, schlug KAISER [1956, 1965, 1966] vor, generell $s_{y_{BL}}$ aus etwa 20 Versuchen zu schätzen und $t_{1-\alpha,\nu}$ durch den Faktor $k = 3$ zu ersetzen. Damit strebte er **nicht** die zu diesem Quantil der t-Verteilung gehörende extrem hohe statistische Sicherheit $P = 1 - \alpha \geq 0{,}995$ (also $\alpha = \beta = 0{,}005$, entsprechend je 0,5%) an, sondern ging davon aus, dass diese durch die Unsicherheit der $s_{y_{BL}}$-Schätzung und mögliche Abweichungen der realen Messwertverteilung von der angenommenen Normalverteilung einen gerade noch vertretbaren Wert $P \geq 0{,}9$ annehmen würde. Tatsächlich ist für nichtnormale, jedoch eingipflige Verteilungen nach der GAUSSschen Ungleichung $P \approx 0{,}95$ und für beliebige Verteilungen nach TSCHEBYSCHEFF $P \approx 0{,}89$ (siehe SACHS [1992], Abschn. 1.3.4).

Angesichts der verwirrenden Begriffsvielfalt bezeichnet man die beiden wichtigsten Kriterien für das Nachweisvermögen oft auch etwas salopp als KAISERsche „3σ-" bzw. „6σ-Grenze". Man kann annehmen, dass dafür die Irrtumsrisiken α und β etwa zwischen 1% und 5% liegen, aber 11% ganz gewiss nicht überschreiten. Das dürfte angesichts der zahlreichen im Abschn. 2.3 dargelegten Schwierigkeiten, mit denen die experimentelle Ermittlung praxisrelevanter Parameter zur Schätzung der Kenngrößen verbunden ist, in den meisten Fällen ausreichend sein, weshalb sich auch andere Autoren diesem Vorschlag anschließen (z. B. LONG und WINEFORDNER [1983]). Generell sollten die Kenngrößen nicht mit zu großer errechneter „Präzision" angegeben werden (KAISER [1965], LONG und WINEFORDNER [1983], ZILBERSTEJN [1971], GRINZAJD et al. [1977]).

3.1.2
Bestimmungsgrenze

KAISER führte den Begriff *Bestimmungsgrenze* [1947] bzw. *Präzisionsgrenze* [1965] als Gütekriterium für die Eignung eines Verfahrens für quantitative Bestimmungen im Spurenbereich kurz oberhalb der Erfassungsgrenze ein (siehe Abschn. 2.4.3). Er schlug jedoch keine Näherungslösung zur Ermittlung dieser Grenze vor, die z. B. über die Varianzfunktion $s_y^2 = f(y)$ erfolgen kann. Prinzipiell ist das nur über einen Iterationsprozess möglich (siehe Abschn. 4.1)

3.1.3
Akzeptanz und kritische Wertung des Kaiserschen Ansatzes

Das KAISERsche Grundkonzept wurde rasch allgemein akzeptiert, und die 3σ-Grenze fand, ungeachtet unterschiedlicher Bezeichnungsweisen, als *das* Kriterium für das Nachweisvermögen analytischer Verfahren Eingang in zusammenfassende Darstellungen, Lehrbücher und IUPAC-Empfehlungen (z. B. IUPAC [1976], FREISER und NANCOLLAS [1987], ACS [1983], DOERFFEL [1990], DANZER et al. [1987], ZAIDEL et al. [1960], ASTM [1964], KOCH OG und KOCH GA [1964], MORRISON [1965]).

Unterschiedlich blieben allerdings die Empfehlungen zur Schätzung der jeweils aktuell gültigen Parameter, insbesondere der „wahren" Blindwertstandardabweichung σ_{BL}, wobei diese Unterschiede häufig auch aufgaben- und verfahrensbedingt sind.

Dagegen setzte sich die Erkenntnis über die Notwendigkeit zweier Grenzwerte und die größere Bedeutung der 6σ-Grenze zur a priori Verfahrensbewertung bis heute nur zögerlich durch, obwohl auf die theoretischen Zusammenhänge schon seit 1961 hingewiesen wurde (NALIMOV et al. [1961], ROOS [1962], ZILBERSTEJN [1971]) und es inzwischen zahlreiche klärende Darstellungen und Anwendungsempfehlungen gibt (CURRIE [1968], SVOBODA und GERBATSCH [1968], EHRLICH [1969], GABRIELS [1970], KAISER [1970], MISKARJANZ et al. [1961], WILSON [1973], LITEANU und RICA [1975], BOUMANS [1978], MASSART et al. [1984], SHARAF et al. [1986], DIN 32645 [1994]).

Kritisch hinterfragt wurde der KAISERsche Vorschlag in drei Punkten:

– Ist es sinnvoll, $t_{1-\alpha,\nu}$ durch den konstanten Faktor $k = 3$ zu ersetzen?
– Ist es gerechtfertigt, im interessierenden Messwertbereich bis zur Erfassungsgrenze Normalverteilung der Blindwerte mit konstanter Standardabweichung anzunehmen?
– Darf bei Gehaltsangaben, also insbesondere bei Ermittlung der Erfassungsgrenze, die Unsicherheit der experimentell geschätzten Kalibrierfunktion vernachlässigt werden?

3.1.3.1
Wahl eines konstanten Faktors $k = 3$

Die Kritik hinsichtlich einer ungerechtfertigt hohen statistischen Sicherheit für $k = 3$ (ZILBERSTEJN [1971], ACS [1983]) lässt KAISERs Absicht außer acht, dadurch Abweichungen von der Normalverteilung und die Unsicherheiten des Schätzwertes $s_{y_{BL}}$ auszugleichen (IUPAC [1976], GRINZAJD et al. [1977]).

Die Anpassung der Irrtumsrisiken α und β an konkrete Aufgabenstellungen geschieht im allgemeinen bei der Definition des *vollständigen Analysenverfahrens* und kann gegebenenfalls als Verfahrensänderung leicht vorgenommen werden (DIN 32645 [1994], WILSON [1973], GRINZAJD et al. [1977], siehe auch Abschn. 2.4.1), erfordert aber gerade deshalb besondere Aufmerksamkeit bei Verfahrensauswahl und -vergleich an Hand der Kenngrößen.

Der Vorschlag, als Verfahrenskenngröße nur Typ und Parameter der Blindwertverteilung anzugeben (WILSON [1973]), ist zwar theoretisch optimal, widerspricht aber der Forderung nach einem einfach handhabbaren Kriterium für die Praxis.

3.1.3.2
Die reale Blindwertverteilung

Verschiedentlich wurde bezweifelt, ob es gerechtfertigt sei, alle Grenzwerte mit Hilfe der Parameter der Blindwertverteilung zu schätzen. Wenn die Messwertschwankungen im interessierenden Bereich nicht ausschließlich durch normalverteilte Blindwertschwankungen konstanter Standardabweichung hervorgerufen würden, könnten die Erfassungsgrenze an der Stelle $6s_{y_{BL}}$ gemäß (3.3), (3.4a) und (3.4b) und in noch stärkerem Maße die Bestimmungsgrenze (bei etwa $10s_{y_{BL}}$ gemäß Definition in Abschn. 2.4.3) zu wesentlich höheren Werten verändert werden.

Um derartige Fehlaussagen zu vermeiden, wurde z. B. von einigen Autoren (ZILBERSTEJN [1971], MISKARJANZ et al. [1961], GRINZAJD et al. [1977]) vorgeschlagen, als Verfahrenskenngröße nur den kritischen Messwert y_c bzw. die sich daraus ergebende KAISERsche Nachweisgrenze x_{NG} (samt den notwendigen Erläuterungen) anzugeben, sich bei deren Verwendung immer des großen Risikos β für eine falsche Negativentscheidung bewusst zu sein und zur Festlegung einer problemangepassten Bestimmungsgrenze die experimentelle Ermittlung des Zusammenhanges $s_{y_A} = f(y_A)$ zu empfehlen. Andere Autoren versuchten, durch Modellierung dieser Varianzfunktion unter verschiedenen Annahmen, mögliche Fehler bei der Ermittlung von x_{EG} und x_{BG} abzuschätzen.

EHRLICH et al. [1969] modellierten den Zusammenhang mit Hilfe des Fehlerfortpflanzungsgesetzes unter der Annahme, dass Blindwertschwankungen unterschiedlicher Standardabweichung von unterschiedlichen hohen konzentrationsproportionalen Signalschwankungen (gekennzeichnet durch relative Standardabweichungen zwischen 0,05 und 0,20) überlagert werden. Die Ergebnisse konnten für die Emissionsspektrographie in verschiedenen Varianten experimentell bestätigt werden. Es zeigte sich, dass die resultierende Messwertstandardabweichung s_y erst oberhalb von $6s_{y_{BL}}$ deutlich über $s_{y_{BL}}$ hinaus anwächst.

In Abb. 3.1 sind die relativen Unterschiede zwischen beiden an der Stelle $6s_{y_{BL}}$ für vier unterschiedliche Werte von $s_{y_{BL}}$ in Abhängigkeit von der als

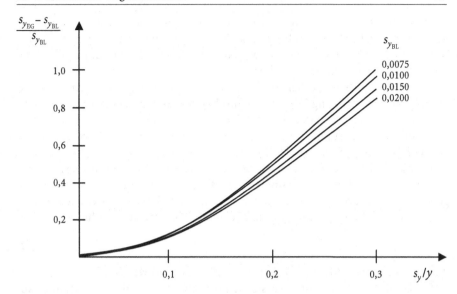

Abb. 3.1. Relativer Unterschied zwischen der Messwertstandardabweichung an der Erfassungsgrenze und der Blindwertstandardabweichung in Abhängigkeit vom Wert der relativen Signalstandardabweichung bei unterschiedlichen Werten der Blindwertstandardabweichung (EHRLICH et al [1969])

konstant angenommenen relativen Standardabweichung der Messwerte s_y/y graphisch dargestellt.

Man erkennt, dass für eine relative Messwertstandardabweichung von etwa 0,1 die Abweichungen in allen Fällen weniger als 20% betragen und selbst bei $s_y/y \approx 0,15$ erst Abweichungen von etwa 33% zu erwarten sind. EHRLICH und MAI [1966] sowie ZILBERSTEJN und LEGEZA [1968] kamen bei ähnlichen Untersuchungen an dem in Abb. 2.2 wiedergegebenen, experimentell ermittelten Funktionsverlauf zu dem Ergebnis, dass nur im Bereich I die Erfassungsgrenze unbedenklich nach der 6σ-Beziehung ermittelt werden darf. Für die Bereiche II und III leiteten sie Gleichungen ab, die zu deutlich höheren Grenzwerten führen.

Die unterschiedlichen Befunde können, abgesehen von der Unsicherheit der aus einer begrenzten Anzahl von Versuchen erhaltenen experimentellen Daten, vor allem durch die real vorliegenden Verteilungen von Blindwerten und Analysenwerten bedingt sein. ZILBERSTEJN und LEGEZA [1968] nahmen stets Normalverteilung der Messwerte an. Andererseits wurde schon vor längerer Zeit darauf hingewiesen (AHRENS [1954], EHRLICH et al. [1962], HOBBS und SMITH [1966]), dass die Analysensignale der Emissionsspektralanalyse und anderer instrumenteller Analysenmethoden der logarithmischen Normalverteilung unterliegen müssen, die nur bei kleinen Relativfehlern ($s_{rel} \leq 0,15$) durch die Normalverteilung angenähert werden darf.

Deshalb sind Überlegungen von SVOBODA und GERBATSCH [1968] auch heute noch von besonderem Interesse, die – ohne Bezug auf eine spezielle Analysentechnik – Näherungsgleichungen zur Schätzung der Erfassungsgrenze bei unterschiedlichen Annahmen über die Verteilung von Blindwerten und Analysensignalen ableiteten. Weil man formal den Nachweis eines Elementes als Nachrichtenübertragung über einen rauschgestörten Kanal betrachteten kann, wurden Prinzipien der Signalidentifizierung aus der Radartechnik auf die Ermittlung der Erfassungsgrenze angewendet (HANCOCK und WINTZ [1960], HELSTROM [1960], SHESTOV [1967]).

Da die exakte (bei Heteroskedastizität iterative) Lösung von (3.3) an die Kenntnis der Verteilungsparameter von Blindwerten und Analysensignalen gebunden ist, wurde diese so umgeformt, dass sie außer den experimentell messbaren Größen $\bar{y}_{BL}$ und $s_{y_{BL}}$ nur noch einen Parameter w enthält

$$y_{EG} = \bar{y}_{BL} + w\,s_{y_{BL}}, \tag{3.5}$$

der für mehrere praktisch interessante Fälle bestimmt wurde.

Sind Blindwert und Analysensignal normalverteilt und ist $s_{y_A} \ll s_{y_{BL}}$, so ergibt sich mit den Vorgaben hinsichtlich der Irrtumsrisiken $\alpha = \beta = 0{,}05$ und Einsetzen von $k = 3$ anstelle des Quantils der t-Verteilung exakt $w = 6$, also die 6σ-Grenze.

Werden unter sonst gleichen Bedingungen die Blindwert- von Messwertschwankungen, die dem Analysensignal proportional sind, überlagert, so ergibt sich nach SVOBODA und GERBATSCH [1968] $w = \frac{1}{1-9s_{y_A}/y_A}$, eine Beziehung[2], die der von ZILBERSTEJN und LEGEZA [1968] für den Bereich II (Abb. 2.2) ihrer Präzisionsfunktion abgeleiteten Gleichung für die Erfassungsgrenze entspricht. Aus ihr folgt, dass die $6\sigma_{BL}$-Erfassungsgrenze um maximal 25% zu niedrig geschätzt wird, solange die relative Standardabweichung s_{y_A}/y_A den Wert 0,149 nicht überschreitet und somit nichts gegen die Annahme einer Normalverteilung spricht.

Bei größeren relativen Messfehlern entspricht die Annahme einer logarithmisch-normalen Verteilung der Signale besser der Realität. Im Falle der Überlagerung von zwei unterschiedlichen Verteilungen gibt es keine geschlossene arithmetische Lösung. Die Autoren errechneten daher w numerisch für verschiedene relative Standardabweichungen der Messwerte. Dabei ergab sich, dass in diesem Fall sogar bis zu relativen Standardabweichungen von 0,42 der Wert 6 für w um nicht mehr als 20% überschritten wird.

Muss man vermuten, dass auch der analytische Störpegel und damit die gemessenen Blindwerte einer logarithmischnormalen Verteilung unterliegen, z. B. infolge stark schwankender äußerer Störquellen wie Verunreinigungen aus Laboratmosphäre oder Chemikalien, lässt sich die Erfassungsgrenze nähe-

---

[2] SVOBODA und GERBATSCH (1968) definieren in ihrer Gl. (13) als relative Standardabweichung der Messwerte: $V = s_{rel} = \sigma_{x_{Sig}}/(x - \bar{x}_{BL})$, verwenden also anstelle des Bruttosignals das „Nettosignal"

rungsweise mittels (3.3) nach logarithmischer Transformation aller Messwerte ermitteln.

Die Ergebnisse lassen einige allgemeine Schlussfolgerungen zu, wenn sie auch überwiegend in der optischen Atomemissionsspektralanalyse mit photographischer Registrierung („Emissionsspektrographie") erhalten wurden. Beispiele für aktuelle Untersuchungen mit neueren Methoden sind in Abschn. 5.1.2 und 5.1.3 angegeben.

3.1.3.3
Berücksichtigung der Unsicherheit der Kalibrierfunktion

Zwei Ansätze zur Berücksichtigung der Unsicherheit der Kalibrierfunktion bei Ermittlung des Gehaltes aus der KAISERschen Nachweisgrenze für $k = 3$ wurden von LONG und WINEFORDNER [1983] entwickelt. Sie gingen dabei von Messwerten aus, die mit einem gut bekannten, stabilen Blindwert $\bar{y}_{BL}$ korrigierbar sind.

Gilt $\bar{y}_{BL} = a$, so ist für blindwertkorrigierte Messwerte nur die Unsicherheit des Anstieges der linearen Kalibriergeraden $y = a + bx$ zu betrachten. Aus (3.2) ergibt sich dann bei Ersatz des Quantils der t-Verteilung durch den konstanten Faktor k

$$x_{NG} = \frac{k\, s_{BL}}{b \pm t_{\alpha,\nu}\, s_b} . \tag{3.6}$$

Die Autoren empfehlen, passend zu $k = 3$, ein Irrtumsrisiko $\alpha = 0{,}005$ zu wählen, woraus sich für die statistische Sicherheit bei zweiseitiger Fragestellung $P = 0{,}99$ ergibt. Das erscheint allerdings angesichts der tatsächlich von KAISER angestrebten Sicherheit $P \geq 0{,}9$ (Abschn. 3.1.1) zu hoch. Für die Anzahl der Freiheitsgrade gilt $\nu = n - 2$, wenn n die Anzahl aller Kalibrierexperimente ist.

Ist die Annahme $\bar{y}_{BL} = a$ nicht gerechtfertigt, so ist auch die Unsicherheit von a zu berücksichtigen. Allgemein lässt sich s_x aus den Ergebnissen der linearen Kalibration[3] ermitteln zu

$$s_x = \frac{1}{b}\sqrt{s_y^2 + s_a^2 + \left(\frac{a-y}{b}\right)^2 s_b^2} . \tag{3.7}$$

Damit erhält man die Nachweisgrenze x_{NG} durch Einsetzen von s_x in (3.2) unter Beachtung der Randbedingungen, dass an der Nachweisgrenze $s_y = s_{y_{BL}}$ und $y = \bar{y}_{BL}$ gilt und außerdem $\bar{y}_{BL}$ wegen der generellen Blindwertkorrektur

---

[3] Anstelle des in der Literatur verbreiteten Ausdruckes „lineare *Regression*" empfiehlt die IUPAC im Zusammenhang mit der Kalibrationsprozedur den Begriff „lineare *Kalibration*". Eine Begründung wird in DANZER und CURRIE [1998] gegeben. Das mathematische Rüstzeug zur Berechnung ist selbstverständlich die Regressionsrechnung

entfällt, zu

$$x_{NG} = \frac{k}{b} \sqrt{s_{y_{BL}}^2 + s_a^2 + \frac{a^2}{b^2} s_b^2} \, . \tag{3.8}$$

Die Parameter a und b und deren Streuung s_a^2 und s_b^2 erhält man aus den Ergebnissen des Kalibrierexperiments, $\bar{y}_{BL}$ und $s_{y_{BL}}^2$ sind aus den Ergebnissen von Analysen einer hinreichend großen Anzahl von Blindproben getrennt zu schätzen.

LONG und WINEFORDNER [1983] zeigten, durch Schätzung der Nachweisgrenze eines ICP-Fluoreszenzverfahrens zur Calcium-Bestimmung nach (3.6) und (3.8) für $k = 3$ und deren Vergleich mit dem Gehalt an der KAISERschen „3σ-Grenze" ohne Berücksichtigung der Unsicherheit der Parameter der Kalibrierfunktion, dass insbesondere die Schwankungen des Ordinatenabschnittes a den Grenzwert deutlich zu höheren Gehalten verschieben. Selbst bei sehr sorgfältiger Bestimmung von a und b erhöhte sich die Nachweisgrenze nach (3.8) gegenüber dem aus (3.2) bei Ersatz des t-Wertes durch $k = 3$ erhaltenem Wert um den Faktor 25 von 0,002 auf 0,05 ppm Ca. Verwendet man zur Kalibrierung nur Standardproben mit Gehalten deutlich oberhalb x_{NG}, wird die Schätzung des Parameters b entsprechend ungenauer und der Unterschied in der nach (3.6) bzw. (3.8) erhaltenen Nachweisgrenze erhöht sich gar um einen Faktor 2500(!), der ermittelte Wert liegt in diesem Fall bei 5 ppm Ca.

Diese Diskrepanzen sind bemerkenswert hoch, selbst wenn man beachtet, dass (3.7) durch einen Kovarianzterm ergänzt werden muss, da die Kalibrationsgrößen a und b nicht voneinander unabhängig, sondern im Gegenteil streng gegenläufig korreliert sind (siehe z. B. DOERFFEL [1990] bzw. SACHS [1992]). Gleichung (3.7) muss demzufolge richtig lauten

$$s_x = \frac{1}{b} \sqrt{s_y^2 + s_a^2 + \left(\frac{a-y}{b}\right)^2 s_b^2 + 2r_{ab} s_a s_b} \tag{3.7a}$$

und (3.8) geht über in

$$x_{NG} = \frac{k}{b} \sqrt{s_{y_{BL}}^2 + s_a^2 + \frac{a^2}{b^2} s_b^2 + 2r_{ab} s_a s_b} \tag{3.8a}$$

Da bei Kalibrationen im allgemeinen der Korrelationskoeffizient $r_{ab} \approx -1{,}0$ ist, verringern sich s_x und damit auch die Nachweisgrenze x_{NG}.

Für die oben angegebenen Daten der Ca-Bestimmung werden mit (3.8a) erhalten (A) 0,035 anstelle von 0,05 ppm Ca bzw. (B) 1,6 anstelle von 5,4 ppm Ca.

Dagegen wird bei den üblichen Kalibrierprozeduren offenbar der Anstieg der Geraden b hinreichend exakt geschätzt, so dass die Berücksichtigung von s_a gemäß (3.7a) keinen nennenswerten Unterschied gegenüber dem nach (3.2) mit $k = 3$ ermittelten Wert für x_{NG} zur Folge hat.

Selbst wenn der Effekt in vielen Fällen nicht so krass sein dürfte, muss man wohl konstatieren, dass die Bewertung der Kenngrößen auf der Basis einer exakt bekannten Kalibriergeraden ein oder sogar *der* Schwachpunkt des KAISERschen Ansatzes ist.

3.2
Ableitung der Kenngrößen auf Basis der Hypothesentestung

Mit den bisher dargestellten Bestrebungen wurde versucht, durch Anwendung mathematischer Gesetzmäßigkeiten auf relativ grobe Modelle des Analysenprozesses auf induktivem Wege möglichst allgemeingültige Kenngrößen zu erhalten. Daneben traten später Versuche, auf deduktive Weise durch streng mathematische Ableitungen zu Ansätzen zu gelangen, die auch verfeinerten Modellvorstellungen gerecht werden (z. B. HUBAUX und VOS [1970], GABRIELS et al. [1970], BOS und JUNKER [1983], SHARAF et al. [1986], CURRIE [1988, 1995, 1997, 1999A,B], CLAYTON et al. [1987], LUTHARDT et al. [1987], HARTMANN [1989]).

Davon sollen im Folgenden zwei Zugänge näher behandelt werden, nämlich

(1) die Anwendung der statistischen Testtheorie mit unterschiedlicher Berücksichtigung der Unsicherheit der Kalibrierfunktion bei Gehaltsangaben, und zwar stets auf der Basis der zum Verfahren gehörenden Kalibrierexperimente,
(2) die direkte Ermittlung der Grenzwerte aus den Grenzen des Unsicherheitsbereiches der Kalibrier- bzw. Analysenfunktion (Abschn. 3.3).

Vorausgeschickt sei, dass die so erhaltenen Kenngrößen nicht grundsätzlich und nicht in jedem Fall aussagekräftiger oder zuverlässiger sein müssen, weil

a) das Grundproblem der zuverlässigen Ermittlung der relevanten Parameter eines für den jeweiligen Anwendungsfall *vollständigen* und *unter statistischer Kontrolle reproduzierbaren Verfahrens* (Abschn. 2.3) bestehen bleibt,
b) die Überprüfung der Gültigkeit der den verfeinerten Modellen zugrunde liegenden Voraussetzungen oft kaum möglich ist und
c) keiner der mathematischen Ansätzen allen Anforderungen vollständig gerecht werden kann (HARTMANN [1989]).

Die Vorschläge der *International Union of Pure and Applied Chemistry* (IUPAC) und der *International Organization for Standardization* (ISO) zur objektiven Charakterisierung des Nachweisvermögens durch Kenngrößen aus den Jahren 1995/96 basieren mathematisch auf der statistischen Testtheorie. Sie wurden ausführlich von CURRIE [1995, 1997, 1999A] dargestellt, der dabei auch auf Unterschiede zwischen beiden Vorschlägen hinwies.

Das Prinzip und die wesentlichen Gleichungen werden im folgenden Abschnitt wiedergegeben unter möglichst weitgehender Beibehaltung der bereits eingeführten und dem deutschen Sprachgebrauch angepassten Symbolik.

3.2.1
Voraussetzungen und Definitionsgleichungen

Von dem in Abschn. 3.1 genannten Voraussetzungen für die KAISERschen Näherungen wie Normalverteilung der Messwerte, Varianzhomogenität (Homoskedastizität) sowie eine fehlerfrei bekannte Kalibriergerade werden einige beibehalten, andere variiert. Stets wird jedoch von einem *vollständigen, experimentell hinreichend charakterisierten Verfahren* („*statistisch unter Kontrolle, SOP*") bis auf die Forderung $\bar{y}_{BL} = a$ ausgegangen. Die Abweichung von der Normalverteilung betrifft die Einbeziehung POISSON-verteilter Zählergebnisse, soweit sie als näherungsweise normalverteilt betrachtet werden können und daraus resultierende Abweichungen von der Varianzenhomogenität.

Es wird an einer linearen Kalibrierfunktion festgehalten, deren Parameter samt ihrer Varianzen und Kovarianzen aus den Ergebnissen der Kalibrierexperimente geschätzt werden. Mit dem allgemeinen Ersatzsymbol für einen Grenzwert G, das sowohl ein *blindwertkorrigiertes Nettosignal* $y_{net} = y - y_{BL}$, als auch einen *Gehalt* (Masse oder Konzentration) repräsentieren kann, lauten die Definitionsgleichungen in impliziter Form

$$P\left\{\widehat{G} > G_c \middle| G = 0\right\} \le \alpha \tag{3.9}$$

$$P\left\{\widehat{G} \le G_c \middle| G = G_{EG}\right\} = \beta . \tag{3.10}$$

Diese Beziehungen sind nahezu identisch mit den (2.1) und (2.2). Die Gleichung (3.9) wurde als Ungleichung formuliert, weil für diskrete Verteilungen, wie z. B. die POISSON-Verteilung von Zählergebnissen, nicht alle Werte von α möglich sind.

Das Auftreten von G_c in (3.10) macht deutlich, dass die Erfassungsgrenze von beiden Parametern α und β abhängt. Sie ist, mathematisch ausgedrückt, ausschließlich über die Operationscharakteristik[4] $G_{EG}(\beta)$ eines auf dem Signifikanzniveau α ausgeführten Signifikanztests definiert. Der Ausdruck $1 - \beta$ wird auch als *Teststärke*[5] (*power of the test*) bezeichnet.

Die IUPAC (CURRIE [1995]) empfiehlt, $\alpha = \beta = 0{,}05$ zu wählen, lässt aber andere Festlegungen für spezielle Anwendungsfälle des Verfahrens ausdrücklich zu.

Für die Bestimmungsgrenze, die sich *nicht* aus einer mathematischen Theorie herleiten lässt, wird empfohlen anzunehmen

$$G_{BG} = k_{BG}\sigma_{BG} \tag{3.11}$$

wobei gilt

$$k_{BG} = \frac{1}{\sigma_{\widehat{G}(G_{BG})}/G_{BG}} = \frac{1}{\sigma_{rel(BG)}} \quad \text{und} \quad \sigma_{BG} = \sigma_{\widehat{G}(G_{BG})} . \tag{3.11a}$$

---

[4] Zu Operationscharakteristik siehe z. B. SACHS [1992, Abschnitt 147]

[5] Zu Teststärke siehe SACHS [1992, Abschnitt 147]

Ist die Messwertverteilung vom Blindwert bis zur Bestimmungsgrenze eine Normalverteilung konstanter Standardabweichung σ_{BL}, ergeben sich aus diesen Definitionen folgende explizite Beziehungen für die Kenngrößen:

Kritischer Messwert G_c

$$G_c = u_{1-\alpha}\sigma_{BL} \tag{3.12}$$

und für $\alpha = 0,05$

$$G_c = 1,645\sigma_{BL} \ . \tag{3.12a}$$

Wird σ_{BL} experimentell mit $\nu = 4$ Freiheitsgraden geschätzt, z. B. durch wiederholte Blindwertmessungen nach (3.15a) mit $y_i = y_{BL}$ oder als Ordinatenabschnitt der Kalibriergeraden nach (3.16), so gilt

$$G_c = t_{1-0,05;4}s_{BL} = 2,132s_{BL} \ . \tag{3.12b}$$

Erfassungsgrenze G_{EG}

$$G_{EG} = G_c + u_{1-\beta}\sigma_{BL} \tag{3.13}$$

und für $\alpha = \beta = 0,05$

$$G_{EG} = G_c + 1,645\sigma_{BL} = 3,29\sigma_{BL} = 2G_c \ . \tag{3.13a}$$

Bei Schätzung von σ_{BL} mit $\nu = 4$ Freiheitsgraden und für $\alpha = \beta = 0,05$ gilt

$$G_{EG} = \delta_{0,05;0,05;4}\sigma_{BL} = 4,067\sigma_{BL} \approx 2t_{1-0,05;4}\sigma_{BL} = 4,264\sigma_{BL} \tag{3.13b}$$

$\delta_{\alpha,\beta,\nu}$ ist das Quantil der nichtzentralen t-Verteilung. Das Symbol σ_{BL} in (3.13b) weist darauf hin, dass zur Ermittlung der Erfassungsgrenze als obere Grenze eines Konfidenzintervalls nicht s, sondern eine obere Konfidenzgrenze für σ, z. B. $\kappa^{ob}s$ zu verwenden ist, wie bereits in Abschn. 3.1.1 dargelegt wurde. Bei Anwendung der dort genannten Gleichung zur Errechnung von κ^{ob} mittels der χ^2-Verteilung ist zu beachten, dass die Verteilung meist für die zweiseitige Fragestellung tabelliert ist, während hier nur die Obergrenze interessiert und daher das Irrtumsrisiko $\alpha' = \alpha/2$ beträgt[6]. Demzufolge ergibt sich für $\alpha = 0,05$ und $\nu = 4$

$$\kappa^{ob} = \sqrt{\frac{\nu}{\chi^2_{0,025;\nu}}} = \sqrt{\frac{4}{0,484}} = 2,874 \ .$$

Wenn nicht mit der konstanten Standardabweichung σ_{BL} gerechnet werden kann, sondern σ vom Messwert abhängt, liefert (3.13b) nur eine grobe Näherung für die Erfassungsgrenze, weil der Parameter $\delta_{\alpha,\beta,\nu}$ der nichtzentralen

---

[6] Diese Wahl der Irrtumswahrscheinlichkeit wird in Anlehnung an die Norm DIN 32645 [1994] und KAISER [1965] vorgeschlagen; CURRIE [1997] weicht davon ab

t-Verteilung nur für Varianzengleichheit (Homoskedastizität) tabelliert ist. CURRIE [1997] schlug deshalb vor, in diesem Falle folgende Näherung zu verwenden

$$G_{EG} \approx \left(t_{1-\alpha,\nu}\sigma_{BL} + t_{1-\beta,\nu}\sigma_{EG}\right)f(\nu) \,. \tag{3.13c}$$

Die Korrekturfunktion $f(\nu)$ trägt dem Umstand Rechnung, dass s keine erwartungstreue Schätzung der Standardabweichung σ ist, wenn die Varianz nur mit einer geringen Anzahl von Freiheitsgraden geschätzt wird. Für diesen Erwartungswert gilt $E(s) = \sigma f(\nu)$. Für die Korrekturfunktion $f(\nu)$ gibt es verschiedene fast gleichwertige Näherungen, z. B. nach DIXON und MASSEY [1969]: $f(\nu) = 4\nu/(4\nu + 1)$ oder nach HALD [1952]: $f(\nu) = \sqrt{1 + \frac{1}{2\nu}}$.
Für die *Bestimmungsgrenze* ergibt sich aus (3.11) bei Homoskedastizität für $\sigma_{rel,BG} = 0,1$ und damit $k_{BG} = 10$

$$G_{BG} = 10\sigma_{BL} \tag{3.14}$$

wobei für σ_{BL} wiederum der Schätzwert der oberen Konfidenzgrenze $\kappa^{ob}s$ einzusetzen ist.
Ändert sich σ mit dem Gehalt, so gilt in Analogie zu (3.13c)

$$G_{BG} \approx 10\sigma_{BG}f(\nu), \tag{3.14a}$$

wenn σ_{BG} in der Nähe der erwarteten Bestimmungsgrenze mit ν Freiheitsgraden experimentell ermittelt wurde. Allerdings kann diese Korrektur bei Angabe der oberen Konfidenzgrenze $\kappa^{ob}s_{BG}$ sicher vernachlässigt werden. Desgleichen kann in der Praxis wohl die bei der Festlegung von k_{BG} theoretisch erforderliche Berücksichtigung der Unsicherheit von $\sigma_{rel,BG}$ unterbleiben (vgl. CURRIE [1995]).
Für eine bekannte Varianzfunktion, also einen gegebenen funktionellen Zusammenhang zwischen Standardabweichung und Messwert, sind spezielle Beziehungen zur Ermittlung von Erfassungs- und Bestimmungsgrenze abgeleitet worden (CURRIE [1995, 1997], siehe Abschn. 5.1.3). Wächst z. B. die Standardabweichung proportional zum Messwert mit einem Proportionalitätsfaktor $d\sigma/dG = 0,04$, was einer asymptotischen relativen Standardabweichung von 4% entspricht, so erhält man die Erfassungsgrenze iterativ nach der Gleichung

$$G_{EG} = G_c + 1,645\sigma_{EG} \tag{3.13d}$$

mit $\sigma_{EG} = \sigma_{BL} + 0,04G_{EG}$ und entsprechend die Bestimmungsgrenze für $k_{BG} = 10$ nach

$$G_{BG} = 10\sigma_{BG} \tag{3.14b}$$

mit $\sigma_{BG} = \sigma_{BL} + 0,04G_{BG}$.
Die Iteration ergibt $G_{EG} = 3,52\sigma_{BL}$ bzw. $G_{BG} = 16,67\sigma_{BL}$.

Während also die Heteroskedastizität für die Erfassungsgrenze angesichts der experimentellen Unsicherheiten kaum ins Gewicht fällt, erhöht sich die bei einem deutlich höheren Gehalt liegende Bestimmungsgrenze dadurch um mehr als den Faktor 1,5.

Durch Monte-Carlo-Simulationen stellte (CURRIE [1997]) fest, dass selbst bei starker Heteroskedastizität ($d\sigma/dG = 0,22$) für $\nu = 4$ und $\alpha = \beta = 0,05$ auch die einfache Gleichung $G_{EG} = \delta_{\alpha,\beta,\nu}\sqrt{\overline{\sigma^2}}$ eine brauchbare Näherung darstellt. Der erhaltene Wert liegt dann um etwa 25% zu hoch, weil das resultierende Irrtumsrisiko nur 0,023 statt der vorgegebenen 0,05 beträgt.

Bei Analysenergebnissen, die auf der Zählung diskreter Quanten oder Teilchen (Elektronen, Ionen) beruhen und der POISSON-Verteilung unterliegen (siehe Abschn. 5.1.4), ist die Varianz proportional dem Messwert und damit $\sigma_G = \sqrt{G}$. In diesem Falle ergeben sich für $\alpha = \beta = 0,05$ folgende Beziehungen

$$G_c = u_{1-\alpha}\sqrt{G} = 1,645\sqrt{G_{BL}} \tag{3.12c}$$

$$G_{EG} = u_{1-\alpha}^2 + 2u_{1-\alpha}\sqrt{G_{BL}} = 2,71 + 3,29\sqrt{G_{BL}} \tag{3.13e}$$

und für $k_{BG} = 10$

$$G_{BG} = k_{BG}\sqrt{G_{BG}} = 10\sqrt{G_{BG}} . \tag{3.14c}$$

Allerdings muss durch Wahl der Messdauer gesichert werden, dass der relative Messfehler $\sqrt{G}/G = 1/\sqrt{G}$ vertretbar klein bleibt (siehe Abschn. 3.3.2: *Design-Parameter η*).

Bei sehr starkem Anstieg der Varianz bzw. Standardabweichung mit dem Messwert können Erfassungs- und Bestimmungsgrenze nicht mit hinreichender Zuverlässigkeit ermittelt werden. Die Erniedrigung der Varianz durch Mittelwertbildung aus einer größeren Anzahl von Wiederholungsbestimmungen bei der Analyse birgt – abgesehen vom Arbeitsaufwand – die Gefahr des Auftretens systematischer Fehler in sich.

Abschließend sei darauf hingewiesen, dass die auf der Basis der Hypothesentestung hergeleiteten Gleichungen für die Kenngrößen unter Berücksichtigung der Definition $G \equiv y_{net} = y - y_{BL}$ vollständig kompatibel sind mit den auf induktivem Wege erschlossenen Beziehungen in den Abschnitten Abschn. 2.2 und Abschn. 3.1 (siehe (2.4), (3.1), (3.12) sowie (2.5), (3.3), (3.13) und (2.6), (3.13a)).

3.2.2
Schätzung der erforderlichen Parameter

Um aus den Definitionsgleichungen, die für idealisierte Bedingungen aufgestellt wurden, Formeln für reale Verfahrenskriterien abzuleiten, benötigt man neben den Parametern der Messwertverteilung Schätzwerte für alle Größen, die zur Überführung der Messwerte in Gehalte benötigt werden (y_{BL}, a, b) sowie deren Varianzen und ggf. Kovarianzen. Sie müssen aus experimentell ermittelten Daten errechnet werden, die unter Bedingungen erhalten wurden, die durch die Verfahrensvorschrift gegeben sind, und müssen selbstverständlich unabhängig von der Art der Ermittlung sein. Allerdings kommen in den mathematischen Beziehungen die Gestaltung und der Umfang der Experimente zum Ausdruck. Da die Parameter meist im Zusammenhang mit der Verfahrenskalibrierung gewonnen werden, handelt es sich dabei um die Gestaltung des *Kalibrierexperiments* (*calibration design*). Im einzelnen geht es um

- den *erfassbaren Gehaltsbereich*,
- die *Anordnung und die Anzahl der Kalibrierproben* sowie
- die *Anzahl der Wiederholungsmessungen jedes Gehaltes* (jeder Kalibrierprobe) und ggf.
- die *Anzahl der Versuche zur separaten Ermittlung des Blindwertes* und seiner *Schwankungen*.

Entsprechend den Darlegungen in Abschn. 2.2 muss die Gestaltung des Kalibrierexperimentes als Bestandteil des *vollständigen Verfahrens* in der Standardarbeitsvorschrift (SOP) enthalten sein.

Generell wurde bei Ableitung der nachstehend aufgeführten Beziehungen von normalverteilten Messwerten ausgegangen, also von Normalverteilung der Messfehler mit dem Mittelwert Null und der Standardabweichung σ_y bzw. der Varianz σ_y^2, sowie von einer linearen Kalibrierfunktion $y = a + bx$.

Varianz des (Brutto-)Signals σ_y^2

Die gehaltsunabhängige Varianz ergibt sich bei Anwendung der Kalibriergeradenmethode aus der *Reststreuung* um die Ausgleichsgerade

$$\sigma_y^2 = \frac{\sum\limits_{i=1}^{n} (y_i - \widehat{y}_i)^2}{n-2} = \frac{\sum\limits_{i=1}^{n} (y_i - a - xb)^2}{n-2} \tag{3.15}$$

Bei Heteroskedastizität ist σ_y^2 entweder aus der Funktion $\sigma_y^2(y)$ zu entnehmen oder für ausgewählte y_i in n' Versuchen experimentell zu ermitteln nach der Beziehung

$$\sigma_y^2 = \frac{\sum\limits_{i=1}^{n'} (y_i - \bar{y})^2}{n'-1} . \tag{3.15a}$$

Varianz des Blindwertes $\sigma_{BL}^2 \approx \sigma_a^2$

Die Ermittlung erfolgt nach der Kalibriergeradenmethode unter der Annahme $y_{BL} \approx a$ bzw. $\sigma_{BL}^2 \approx \sigma_a^2$ unter Verwendung von m Kalibrierproben äquidistanter Gehaltsabstufungen im unteren Gehaltsbereich, für die jeweils r Wiederholungsmessungen vorgenommen werden (die Gesamtzahl der Kalibriermessungen beträgt damit $n = \sum_{i=1}^{m} r_i$, wenn r konstant ist für jeden der m Kalibrierpunkte gilt $n = mr$). Der Ausgleich der Kalibriergeraden erfolgt nach der Methode der einfachen linearen Regression, wobei sich für die Varianz ergibt

$$s_{BL}^2 \approx s_a^2 = s_{y_{BL}}^2 \left(\frac{1}{m \cdot r} + \frac{\bar{x}^2}{S_{xx}} \right) , \tag{3.16}$$

wobei $\bar{x}$ den arithmetischen Mittelwert aller Kalibriergehalte repräsentiert und S_{xx} die Quadratsumme der Abweichungen der Gehalte von $\bar{x}$, dividiert durch n.

Unabhängig von der Kalibration kann σ_{BL}^2 ermittelt werden nach (3.15a) mit $y_i = y_{BL_i}$ und $\bar{y} = \bar{y}_{BL}$ (*Blindwertmethode*).

Direkte und indirekte Schätzung von $\sigma_{BL}^2 \approx \sigma_a^2$

Theoretisch korrekt ist die Ermittlung beider Parameter der Kalibriergeraden und ihrer Varianzen und Kovarianzen aus einem Kalibrierdatensatz (*Kalibriergeradenmethode*), wie sie in den ISO-Empfehlungen [1995/96] gefordert wird.

Dazu muss eine größere Zahl von Kalibrierproben im Gehaltsbereich zwischen „Null" (also Blindproben) und mindestens der Bestimmungsgrenze (mit dichter Anordnung nahe der Blindprobe) den gesamten Analysenprozess von der Probenahme bis zur Messwertverarbeitung unter den Bedingungen der Arbeitsvorschrift bei Einwirkung aller Schwankungseinflüsse (Varianzkomponenten) durchlaufen. Praktisch ist das jedoch nur in grober Näherung, für mehr oder weniger stark *verkürzte Varianten* des Verfahrens möglich (siehe Abschn. 2.2).

Deshalb empfiehlt CURRIE [1995, 1997, 1999A] in Übereinstimmung mit den IUPAC-Richtlinien [1995], den Blindwert und seine Schwankungen gesondert zu ermitteln, und zwar entweder

- mit Hilfe von Blindproben, die den gesamten Analysengang durchlaufen und idealerweise identisch mit den Analysenproben bzw. diesen so ähnlich wie nur irgend möglich sind, nur dass sie den Analyten nicht enthalten; oder
- durch *Kombination* der *Blindwertanteile*, die bei den einzelnen Verfahrensschritten auftreten, und ihrer Varianzen, wobei gegebenenfalls auch die Möglichkeit von Substanzverlusten, die zu *negativen Blindwerten* führen können, zu berücksichtigen ist.

Beide Wege können einander ergänzen und stützen.

Die Möglichkeit der exakten Nachbildung des Verfahrens bei der Kalibrierung und bei der quantitativen Charakterisierung durch Kenngrößen sowie seine Reproduzierbarkeit während der Anwendung bis zur erneuten Überprüfung bestimmen in jedem Fall die Grenzen der *objektiven Verfahrensbewertung*.

Varianz des Nettosignals $\widehat{y}_{net} = y - \widehat{y}_{BL} = y - \widehat{a}$

$$s^2_{y_{net}} = s^2_y + s^2_{\widehat{BL}} \equiv s^2_0 \tag{3.17}$$

Für einen im Rahmen der Anwendung des Analysenverfahrens konstanten Blindwert ist $s^2_y \approx s^2_{BL}$, so dass (3.17) auch geschrieben werden kann

$$s^2_{y_{net}} = s^2_{BL} + s^2_{\widehat{BL}} \equiv s^2_0 = s^2_{BL}\eta \ . \tag{3.17a}$$

Der *design parameter* η ist ein Maß für das durch die Anzahl der Versuche n bedingte Verhältnis $s^2_{\widehat{BL}}/s^2_{BL}$, also die Qualität der Blindwertschätzung

$$\eta = \frac{s^2_0}{s^2_{BL}} = \frac{s^2_{BL} + s^2_{\widehat{BL}}}{s^2_{BL}} = 1 + \frac{s^2_{\widehat{BL}}}{s^2_{BL}} \ . \tag{3.18}$$

Wird ein konstanter, d. h. zeitlich hinreichend stabiler Blindwert aus $n \gg 1$ Versuchen geschätzt, so verschwindet $s^2_{\widehat{BL}}$ und wegen $\eta \to 1$ gilt dann $s^2_{y_{net}} \approx s^2_{BL} \equiv s^2_0$. Muss dagegen im anderen Grenzfall wegen des sich häufig ändernden Blindwertes jeder Analysenwert mit „seinem" – kurz zuvor bzw. danach gemessenen – Blindwert korrigiert werden (*paired observation*), so ist $s^2_{\widehat{BL}} = s^2_{BL}$ und damit gilt $\eta = 2$.

In dem häufigsten Fall, dass ein aus einer Bestimmung gewonnener Analysenwert durch Abzug des Mittelwertes aus n Blindversuchen korrigiert wird, ergibt sich

$$\eta = 1 + \frac{1}{n} \ . \tag{3.18a}$$

Man kann als Gleichung für den allgemeinsten Fall, dass Analysen- und Blindwert aus n_y bzw. n_{BL} Einzelmesswerten durch Summation gebildet werden, jeweils aber das Mittel aus N- bzw. n-fachen Bestimmungen sind, angeben

$$\eta = \frac{n_y}{N} + \frac{n_{BL}}{n} \ . \tag{3.18b}$$

Aus dieser Beziehung lassen sich die im Abschnitt Abschn. 3.1.1 für spezielle Fälle angegebenen Gleichungen ableiten.

Bei Zählergebnissen, die der Poisson-Verteilung unterliegen, gilt ($s^2_{BL} = s^2_I = \widehat{I}_{BL}\eta$) ($\widehat{I}_{BL}$ Zahl der Untergrundimpulse), wobei für hinreichend lange Untergrundmessungen $\eta \to 1$ strebt, während bei gleicher Messzeit für Untergrund und Analysenprobe gilt $\eta = 2$ (siehe Abschn. 3.2.1).

Varianz des Anstiegs der Kalibriergeraden b (der Empfindlichkeit)

$$s_b^2 = \frac{s_y^2}{S_{xx}} \qquad (3.19)$$

Kovarianz von a und b

$$\mathrm{cov}(a, b) = s_{ab} = r_{ab} s_a s_b , \qquad (3.20)$$

wobei $r_{ab} = -\bar{x}/x_q$ den *Korrelationskoeffizienten* darstellt, mit x_q als Symbol für das quadratische Mittel aller Kalibrationsgehalte (bei der einfachen linearen Regression). Man erkennt, dass a und b antikorreliert sind.

Varianz eines aus der inversen Kalibrierfunktion vorhergesagten Signalwertes zu einem gegebenen Gehalt x

$$s_{y-\widehat{y}}^2(x) = s_y^2(x) + s_a^2 + x^2 s_b^2 + 2x s_{ab} . \qquad (3.21)$$

Die beiden letzten Summanden dieser Gleichung zeigen, dass die Varianz $s_{y-\widehat{y}}^2$ auch bei konstantem s_y^2 gehaltsabhängig ist, weil die Unsicherheit der Kalibrierfunktion mit dem Abstand vom Schwerpunkt zunimmt, das Prognoseintervall also nach niederen und höheren Gehalten hin breiter wird, und zwar ungeachtet dessen, dass die Parameter bei Homoskedastizität nach der Methode der einfachen linearen Regression (ELR), sonst nach der gewichteten linearen Regression (GLR) zu schätzen sind (siehe z. B. DOERFFEL [1990]). Zur Ermittlung der Erfassungsgrenze ergibt sich nach der ELR

$$s_{y-\widehat{y}}^2(x_{\mathrm{EG}}) = s_y^2 \left(1 + \frac{1}{mr} + \frac{(x_{\mathrm{EG}} - \bar{x})^2}{S_{xx}} \right) \qquad (3.22)$$

und nach der GLR

$$s_{y-\widehat{y}}^2(x_{\mathrm{EG}}) = s_y^2(x_{\mathrm{EG}}) + \frac{1}{\sum w_i^2} + \frac{(x_{\mathrm{EG}} - \bar{x}_{\mathrm{w}})^2}{S_{xx,\mathrm{w}}} \qquad (3.22a)$$

wobei bedeuten: w_i das Gewicht (die inverse Varianz) des i-ten Messwertes, $\bar{x}_{\mathrm{w}}$ das gewichtete Mittel aller Kalibriergehalte und $S_{xx,\mathrm{w}}$ die gewichtete Quadratsumme aller x_i-Abweichungen von $\bar{x}_{\mathrm{w}}$.

Die Varianz $s_{y-\widehat{y}}^2$ an der Bestimmungsgrenze erhält man aus diesen Beziehungen durch Substitution von x_{EG} durch x_{BG}.

Ist trotz Kontrollmessungen und Messwertkorrekturen eine systematische Verfälschung der Analysenergebnisse nicht vollständig auszuschließen, so muss bei Ermittlung der Kenngrößen zusätzlich zu den statistischen Parametern die auf nichtstatistischem Wege aus der Sachkenntnis geschätzte Obergrenze dieses möglichen systematischen Fehlers berücksichtigt werden. Es müssen also neben den statistischen (Typ-A-) Fehlern auch die nichtstatistischen (Typ-B-) Fehler berücksichtigt werden (ISO- [1993] bzw. EURACHEM-Richtlinien [1998]).

3.2.3
Ermittlung der Kenngrößen im Signalraum

Zur Überführung der unter idealisierten Bedingungen abgeleiteten Ersatz-
größen G in entsprechende Kenngrößen für Nettosignale y_{net} benötigt man
die Verteilungsparameter der Schätzgröße $\widehat{y}_{net}$. Für normalverteilte Mess- und
Blindwerte ist bei Anwendung der einfachen Blindwertkorrektur $y_{net} = y - y_{BL}$
die Größe $\widehat{y}_{net}$ normalverteilt mit der in (3.17a) angegebenen Varianz $s_{y_{net}}^2 = s_{BL}^2 \eta$.

Demzufolge erhält man die Kenngrößen im Signalraum aus (3.12) bis (3.14),
bzw. für spezielle Bedingungen aus den zusätzlich mit Buchstaben gekenn-
zeichneten Beziehungen im Abschn. 3.2.1, indem man G durch $\widehat{y}_{net}$ substitu-
iert und für die Standardabweichung die Wurzel aus der jeweiligen Varianz
einsetzt. Dabei sind im einzelnen, wie dort dargelegt, zu berücksichtigen

- der Designparameter η,
- die Korrektur der nicht erwartungstreuen σ-Schätzung als Wurzel der experimentell mit v Freiheitsgraden geschätzten Varianz s^2,
- die obere Konfidenzgrenze von $\widehat{\sigma}$ bei Ermittlung der Erfassungsgrenze aus
  dem Prognoseintervall,
- die Näherungslösungen bei Heteroskedastizität, wobei im Falle der
  POISSON-Verteilung $\sqrt{G_{BL}}$ durch $\sqrt{y_{BL}\eta}$ zu ersetzen ist; für $y_{BL} \geq 500$
  gezählte Ereignisse wird $\eta \approx 1$, was in vielen Fällen durch entsprechende
  Messzeit gewährleistet werden kann.

Es sei noch vermerkt, dass abweichend von den hier behandelten IUPAC-
Empfehlungen (CURRIE [1995]), in den ISO-Festlegungen [1995/96] im Signalraum nur der kritische Messwert, und zwar als Bruttomesswert y_c auf
der Basis der Nullhypothese gegen den Erwartungswert $E(y) = y_{BL}$ definiert
ist, während Erfassungs- und Bestimmungsgrenze nur als Gehalte angegeben
sind.

3.2.4
Ermittlung der Kenngrößen im Gehaltsraum bei bekannter Kalibrierfunktion

Die Ermittlung der Kenngrößen im Gehaltsraum erfordert Kenntnis der Verteilung der geschätzten Gehalte $\widehat{x}$. Im Falle einer linearen, exakt bekannten
Kalibrierfunktion ist sie identisch mit der Verteilung der Nettosignale, und
man erhält die Gehalte, die zu den im Signalraum für die Nettosignale y_{net}
ermittelten Kenngrößen gehören, durch Division durch die Empfindlichkeit b

$$x = \frac{y_{net}}{b} . \tag{3.23}$$

Fehler in b bzw. Abweichungen von der Linearität (Modellfehler) führen zu
systematischen Verfälschungen der Kenngrößen.

3.2.5
Ermittlung der Kenngrößen im Gehaltsraum bei geschätzter Kalibrierfunktion

Wird die lineare Kalibrierfunktion $y = a + bx$ vor Anwendung des Verfahrens experimentell geschätzt, so beeinflusst die Unsicherheit der geschätzten Parameter die Kenngrößen. Grundsätzlich gibt es zur Berücksichtigung dieser Unsicherheiten zwei Wege, die von CURRIE [1997] ausführlich beschrieben wurden:

A   Ausführung aller Operationen (einschließlich der Nachweisentscheidung) im Gehaltsraum unter Verwendung der Verteilung von $\widehat{x} = (y - a)/b$

B   Ermittlung des Nachweiskriteriums y_c aus den normalverteilten Signalen y und der Gehalte x_{EG} und x_{BG} über Prognoseintervalle der inversen Kalibrierfunktion (Auswertefunktion, Analysenfunktion).

Weg A lässt sich wiederum in zwei Varianten realisieren (in CURRIE [1997] als *case I* und *case III* bezeichnet):

A1   Annahme einer angenäherten Normalverteilung von $\widehat{x}$ und Schätzung ihrer Varianz mittels der TAYLOR-Expansion,

A2   Schätzung der „wahren" (nichtnormalen) Verteilung von $\widehat{x}$.

Weg B wird von CURRIE [1997] als *case II* abgehandelt. Es wird stets Normalverteilung angenommen.

Weg A1

Lässt sich $\widehat{x}$ näherungsweise als normalverteilt betrachten, erhält man seine Varianz durch *Fehlerfortpflanzung* unter Verwendung der TAYLOR-Expansion (zu dieser Methode siehe z. B. MASSART et al. [1984], S. 389):

$$s_{\widehat{x}}^2 = \frac{1}{b^2}\left[\left(s_y^2(x) + s_a^2\right)J + x^2 s_b^2 + 2xs_{ab}\right] \tag{3.24}$$

mit $J = 1 + \frac{s_b^2}{b^2} = 1 + s_{b,\mathrm{rel}}^2$, wobei $s_{b,\mathrm{rel}}$ die relative Standardabweichung symbolisiert. Bei geringer Unsicherheit von b, d. h. $s_{b,\mathrm{rel}}^2 \ll 1$, wird $J \approx 1$ und $s_{\widehat{x}}^2 \approx s_{\widehat{y}}^2/b^2$.

    Die Kenngrößen im Gehaltsraum ergeben sich im Prinzip aus den (3.12) bis (3.14) durch Einsetzen der Werte von $\sigma_{\widehat{x}}$ für die Gehalte $x = 0$, $x = x_{EG}$ und $x = x_{BG}$, die auch als $\sigma_0^{(x)}$, $\sigma_{EG}^{(x)}$ und $\sigma_{BG}^{(x)}$ bezeichnet werden, anstelle von σ_{BL} sowie von x anstelle von G.

Nachweiskriterium (kritischer Gehalt)

Aus

$$s_{\widehat{x}}^2(x = 0) = \frac{s_0^2 J}{b^2} \tag{3.24a}$$

und (3.12) für den *kritischen Messwert* y_c ergibt sich der *kritische Gehalt* x_c zu

$$x_c = u_{1-\alpha}\sigma_0^{(x)} = u_{1-\alpha}\frac{\sigma_0\sqrt{J}}{b} = \frac{y_c\sqrt{J}}{b} \,. \tag{3.25}$$

Hierin symbolisiert σ_0 die Standardabweichung von $\widehat{y}_{net}$ an der Stelle $y = 0$ und demzufolge gilt $\sigma_0 = \sqrt{s_y^2(0) + s_a^2}$.

Die Nachweisentscheidung besteht also im Vergleich des geschätzten Gehaltes $\widehat{x} = (\widehat{y} - a)/b = \widehat{y}_{net}/b$ mit dem kritischen Gehalt $x_c = (y_c/b)J$. Bei vernachlässigbarer relativer Standardabweichung $s_{\widehat{b},rel}$ und somit $J \approx 1$ entspricht x_c dem bei bekannter Empfindlichkeit zum kritischen Messwert y_c gehörendem Gehalt x_{NG} (der klassischen KAISERschen Nachweisgrenze gemäß den Abschn. 2.4.2 und 3.1.1, (3.2)).

Erfassungsgrenze x_{EG}

Die Varianz $s_{\widehat{x}}^2$ an der Stelle $x = x_{EG}$ ergibt sich entsprechend (3.24) zu

$$s_{\widehat{x}}^2(x = x_{EG}) = \frac{s_0^2 J + x_{EG}^2 s_b^2 + 2x_{EG}s_{ab}}{b^2} \,. \tag{3.24b}$$

Man erkennt, dass die Unsicherheit von b auch dann eine Gehaltsabhängigkeit bewirkt, wenn die Signalschwankungen selbst, wie hier stets angenommen, gehaltsunabhängig, also homoskedastisch sind. Diese Abhängigkeit wird durch die Einführung des Korrekturfaktors K/I berücksichtigt. Aus (3.13) bzw. (3.13a) und (3.25) ergibt sich damit

$$x_{EG} = \frac{2u_{1-\alpha}\sigma_0\sqrt{J}}{b} \cdot \frac{K}{I} = \frac{2y_c\sqrt{J}}{b} \cdot \frac{K}{I} \tag{3.26}$$

mit $K = 1 + \frac{u_{1-\alpha}\sigma_{ab}}{b\sigma_0\sqrt{J}} = 1 + r_{ab}\frac{\sigma_a}{\sigma_0} \cdot \frac{u_{1-\alpha}s_{b,rel}}{\sqrt{J}}$, $r_{ab} = \overline{x}/x_q$, wobei $\overline{x}$ das arithmetische und x_q das quadratische Mittel der Kalibrierfunktion bedeuten, sowie $I = 1 - (u_{1-\alpha}s_{b,rel})^2$ mit der Randbedingung $x_{NG} > 0$.

Wie zu erwarten, wird die Erfassungsgrenze im Gehaltsraum bei experimentell ermittelter Empfindlichkeit wesentlich durch die Unsicherheit dieser Schätzung bestimmt. Für kleine Werte der relativen Standardabweichung $s_{b,rel}$ strebt der Quotient K/I nach 1. Andererseits wird $x_{EG} = \infty$, also unbestimmbar, wenn $s_{b,rel}$ in die Größenordnung von $u_{1-\alpha}$ kommt, was für $\alpha = 0{,}05$ etwa $u_{1-\alpha} = 0{,}6$ entspricht.

Bei unabhängiger Schätzung von a und b nach der Blindwertmethode wird $r_{ab} = 0$ und damit $K = 1$.

Bei der im allgemeinen notwendigen Schätzung der Standardabweichungen aus einer endlichen Anzahl von Versuchen ist in (3.25) analog zu (3.12b) $u_{1-\alpha}\sigma_0$ durch $t_{1-\alpha,\nu}s_0$ zu ersetzen und in (3.26) analog zu (3.13b) $2u_{1-\alpha}\sigma_0$ durch $\delta_{\alpha,\alpha,\nu}\sigma_0$, wobei je nach der Anzahl der Freiheitsgrade die in (3.13b) und

(3.13c) enthaltenen Näherungen angewendet werden können. Außerdem ist σ_0 durch die obere Konfidenzgrenze der Schätzgröße s_0, bezeichnet als $\kappa^{ob}s$, zu ersetzen, wie ebenfalls in Abschn. 3.2.1 ausgeführt wurde.

Darüber hinaus ist zu beachten, dass die auf diesem Wege ermittelte Erfassungsgrenze nur eine Realisierung der Zufallsgröße $\hat{b}$ enthält und deshalb einer Verteilung $x_{EG}(\hat{b})$ unterliegt. Die festen Verfahrenskenngrößen x_{EG} und x_{BG} entsprechen etwa dem Median dieser Verteilung. Im Gegensatz zu diesen IUPAC-Festlegungen berücksichtigen die ISO-Empfehlungen die Varianz von b nicht und führen daher prinzipiell zu einem fixen Wert für die Erfassungsgrenze. Wegen des Wegfallens der Faktoren J und K/I ist dieser Wert identisch mit der IUPAC-Erfassungsgrenze für bekannte Empfindlichkeit. Der prinzipielle Unterschied ist praktisch wenig relevant, weil sich die Kenngrößen für kleine Werte von $s_{b,rel}$ wenig unterscheiden, bei größeren Unsicherheiten ($s_{b,rel} > 0,2$) der Weg A1 der IUPAC-Empfehlung wegen Abweichungen von der Normalverteilung aber ohnehin ungeeignet ist.

Bestimmungsgrenze

Für die Ermittlung der Bestimmungsgrenze wurden von CURRIE [1997] durch analoge Überlegungen komplizierte Beziehungen abgeleitet, die hier nicht wiedergegeben werden sollen. Im einfachsten Fall, der getrennten Schätzung von a und b sowie Homoskedastizität gilt

$$x_{BG} = \frac{k_{BG}\sigma_0\sqrt{J}}{b\sqrt{I_{BG}}} \tag{3.27}$$

mit $I_{BG} = 1 - k_{BG}^2 s_{b,rel}^2$.

Für $k_{BG} = 10$ (vgl. Abschn. 3.2.1, (3.14)) wird x_{BG} bereits bei $s_{b,rel} = 0,1$ unbestimmbar ($x_{BG} = \infty$), während andererseits für $s_{b,rel} \ll 1$ die Korrekturfaktoren J und I nahe 1 liegen.

Weg A2

Weil die als Weg A1 bezeichnete Ermittlung der Kenngrößen bei experimentell geschätzter Empfindlichkeit auf der Anwendung der TAYLOR-Expansion für näherungsweise normalverteilte Werte $\bar{x}$ beruht und damit nur bei kleinen Werten für die relative Standardabweichung der Empfindlichkeit $s_{b,rel}$ exakt ist, leitete CURRIE [1997] für den kritischen Gehalt x_c und die Erfassungsgrenze x_{EG} Beziehungen ab, die sich direkt aus der nichtnormalen Verteilung von $\hat{x}$ ergeben. Dabei wird ebenfalls von den Definitionsgleichungen (2.1) und (2.2) ausgegangen und die Verteilung $H(x)$ eingeführt

$$H(x) = \frac{x\hat{b} - \hat{y}_{net}}{\sqrt{x^2 s_b^2 + 2x s_{ab} + s_{y_{net}}^2}} . \tag{3.28}$$

$H(x)$ ist streng normalverteilt mit der Varianz 1 und dem Mittelwert

$$E(H(x)) = \frac{xb - y_{net}}{\sqrt{x^2 s_b^2 + 2x s_{ab} + s_{y_{net}}^2}} . \tag{3.28'}$$

Auf diesem Weg, der als A2 bezeichnet werden soll, gelangt man zu folgenden Gleichungen zur Ermittlung der Kenngrößen

$$x_c = \frac{u_{1-\alpha}\sigma_0}{b\sqrt{I}} \sqrt{1 + g\frac{\sigma_{ab}}{\sigma_0^2}} + g \tag{3.29}$$

mit $g = \frac{u_{1-\alpha}^2 \sigma_{ab}}{b^2 I}$, wobei I die gleiche Bedeutung hat wie in (3.26).

Werden a und b unabhängig voneinander geschätzt, wird $g = 0$ und damit reduziert sich (3.29) auf den ersten Term.

Ist σ_y^2 zwischen $x = 0$ und $x = x_{EG}$ konstant, so gilt für $\alpha = \beta$ unabhängig von σ_{ab} für die Erfassungsgrenze wiederum

$$x_{EG} = 2x_c$$

(vgl. (3.4a) bzw. (3.26)). Ist außerdem $\sigma_{ab} = 0$, so ergibt sich

$$x_{EG} = \frac{x_{EG}^{ob}}{\sqrt{I}} , \tag{3.30}$$

wobei mit x_{EG}^{ob} die Erfassungsgrenze im Quasikonzentrationsraum bei bekannter Empfindlichkeit b bezeichnet wird. Wenn σ_y^2 mit v Freiheitsgraden als s^2 geschätzt wird, so sind wiederum die in Abschn. 3.2.1 behandelten zusätzlichen Unsicherheiten zu berücksichtigen, d. h. in (3.29) ist $u_{1-\alpha}\sigma_0$ durch $t_{1-\alpha,v}s_0$ zu ersetzen und die Erfassungsgrenze erhält man in Analogie zu (3.13b) nach der Beziehung

$$x_{EG} = \frac{\delta_{\alpha,\alpha,v}\sigma_0}{b\sqrt{I}} \tag{3.31}$$

mit $I = 1 - t_{1-\alpha,v}^2 s_b^2/b^2$ oder nach der in (3.13c) dargestellten Näherung, wobei für σ_0 die obere Konfidenzgrenze des Schätzwertes s_0 zu verwenden ist.

Weg A2 führt wie A1 zu feststehenden Verfahrenskenngrößen, ist aber auch bei größerer Unsicherheit der Empfindlichkeit b anwendbar. In den meisten praktisch auftretenden Fällen unterscheiden sich die auf beiden Wegen ermittelten Kenngrößen allerdings nur um 10% bis 30%. Beispielsweise errechnete CURRIE [1997] für $\sigma_{b,rel} = 0,33$; $u_{1-0,05} = 1,645$; $\sigma_{ab} = 0$, $\sigma_0 = 2$ und $b = 15$ folgende Kennwerte:

- bekannte Empfindlichkeit $x_c^{ob} = 0,219$, $x_{EG}^{ob} = 0,439$
- nach A1 geschätzte Empfindlichkeit $x_c^{A1} = 0,231$, $x_{EG}^{A1} = 0,661$
- nach A2 geschätzte Empfindlichkeit $x_c^{A2} = 0,262$, $x_{EG}^{A2} = 0,525$

Weg B

Der praktischen Anwendung der Kenngrößen entspricht es am besten, die Nachweisentscheidung an Hand eines im Signalraum definierten kritischen Signals y_c zu treffen, Erfassungs- und Bestimmungsgrenze aber ausschließlich als Gehalte zu definieren und zu ermitteln. CURRIE bezeichnet die so definierten Kenngrößen als *quasi-concentration domain limits* (siehe CURRIE [1997]: *case II* und HUBAUX und VOS [1970]). Das bedeutet, dass für die Beziehungen zur Ableitung der „*Entscheidungsgrenze*" ohne Einschränkungen die generell für die Messwerte angenommene Normalverteilung gilt (im Gegensatz zur Verteilung der $\widehat{x}$-Werte, s. o.). Andererseits werden Erfassungs- und Bestimmungsgrenze über eine zufällige Realisierung der Kalibrierfunktion definiert und sind somit selbst Zufallsvariable. Sie liegen also innerhalb von Prognoseintervallen, die aus der Unsicherheit der geschätzten Parameter $\widehat{a}$ und $\widehat{b}$ resultieren sowie aus der zu erwartenden Messwertstreuung bei der Analyse.

Ihre Ermittlung erfordert die Umkehrung der Kalibrierfunktion im statistischen Sinne (HUBAUX und VOS [1970]), auf die in Abschn. 3.3 näher eingegangen wird. CURRIE [1997] schlägt im vorliegenden Zusammenhang die nachstehend beschriebene Lösung vor.

Kritischer Messwert y_c

Entsprechend den Darlegungen in Abschn. 3.2.1 ergibt sich aus (3.12)

$$y_c = u_{1-\alpha}\sigma_0 . \tag{3.32}$$

Bei Schätzung von σ_0 mit ν statistischen Freiheitsgraden folgt aus (3.1) mit $s_{BL}(0) = \sigma_{y_{net}}(0)\sqrt{\eta}$ gemäß (3.17a)

$$y_c = t_{1-\alpha,\nu}s_{BL} . \tag{3.32a}$$

Erfassungsgrenze x_{EG}^{ob}

Zur Ermittlung der oberen Grenze des Prognoseintervalls der Erfassungsgrenze, x_{EG}^{ob}, verwendet CURRIE [1997] die Größe y_{EG}^{ob}, die gemäß experimentell ermittelter Kalibriergerade den zu x_{EG}^{ob} gehörenden Messwert repräsentiert. Nach (3.13) gilt

$$y_{EG}^{ob} = \widehat{b}x_{EG}^{ob} = y_c + u_{1-\beta}\sigma_{y-\widehat{y}}(x_{EG}^{ob}) , \tag{3.33}$$

wobei sich die Varianz $\sigma_{y-\widehat{y}}^2(x_{EG}^{ob})$ aus dem Fehlerfortpflanzungsgesetz nach Weg A1 (3.24b) ergibt und nach (3.22) bzw. (3.22a) aus dem Kalibrierexperiment zu schätzen ist. Gleichung (3.22) liefert eine hinreichend exakte Schätzung bei Homoskedastizität (konstanter Varianz) in Verbindung mit der Parameterschätzung durch ungewichtete Regression. Bei Heteroskedastizität, also gehaltsabhängiger Varianz, ist die auf gewichteter Regression beruhende

Gleichung (3.22a) anzuwenden, weil die ungewichtete zwar auch dann eine biasfreie Parameterschätzung ermöglicht, jedoch bei Schätzung der Varianz an der Stelle $x = x_{EG}^{ob}$ die beiden letzten Terme von (3.24b) unberücksichtigt lässt.

Damit ergibt sich für $\sigma_{y-\hat{y}} = \sigma_0 = \text{const}$(Homoskedastizität) und $\alpha = \beta$

$$x_{EG}^{ob} = \frac{2u_{1-\alpha}\sigma_0}{b}\frac{K}{I} \approx \frac{2y_c}{b}\frac{K}{I}, \tag{3.34}$$

wobei K und I die gleiche Bedeutung haben wie in (3.26) mit der Vorgabe $J = 1$. Der Faktor J entfällt, weil Lösungsweg B nicht auf der Annahme einer Normalverteilung der Gehalte $\hat{x}$ beruht, sondern von der Normalverteilung der Messwerte y ausgeht. Dafür tritt in (3.34) der Schätzwert b auf, um den Übergang in den Konzentrationsraum zu vollziehen. Allerdings bewirkt der Faktor J selbst für eine große Unsicherheit der Empfindlichkeit ($\sigma_{b,rel} = 0{,}45$) nur eine Erhöhung der Erfassungsgrenze um etwa 1%.

Steht für σ_0 nur der Schätzwert s_{BL} (mit v Freiheitsgraden) zur Verfügung und die Nachweisentscheidung wird auf der Basis von (3.32a) getroffen, so erhält man x_{EG}^{ob} für $\alpha = \beta$ nach der Beziehung

$$x_{EG}^{ob} = \frac{\delta_{\alpha,\alpha,v}\sigma_{BL}}{b}\frac{K}{I} \approx \frac{2t_{1-\alpha,v}\sigma_{BL}}{b}\frac{K}{I} \tag{3.34a}$$

$$\text{mit} \quad K = 1 + r_{ab}\frac{\sigma_a}{\sigma_0}\bar{t}_{1-\alpha,v}\sigma_{b,rel},$$

$$I = 1 - (\bar{t}_{1-\alpha,v}\sigma_{b,rel})^2 \quad \text{und}$$

$$\bar{t}_{1-\alpha,v} = \delta_{\alpha,\alpha,v}/2 \approx t_{1-\alpha,v}.$$

Für $v \geq 24$ beträgt die Abweichung dieser Näherung von der exakten Lösung weniger als 1%. Wenn σ_0 vom Gehalt abhängt, so lässt sich die Erfassungsgrenze iterativ auf einem der für Heteroskedastizität skizzierten Wege schätzen, je nachdem ob ein theoretisch begründetes Varianzmodell existiert oder $\sigma_{y_{net}}(x_{EG})$ näherungsweise experimentell ermittelt werden muss.

Stets ist zu beobachten, dass x_{EG}^{ob} einer Verteilung unterliegt, die abhängt von der Verteilung der Empfindlichkeit b, die aus einer zufälligen Realisierung der Kalibrierfunktion geschätzt wurde. Wegen des nichtlinearen Zusammenhanges zwischen x_{EG}^{ob} und b ist dies auch bei normalverteiltem b keine Normalverteilung. Für normalverteilte Messwerte konstanter Varianz ist jedoch ihr Median zahlenmäßig der „*fixen*" Erfassungsgrenze x_{EG} sehr ähnlich, die auf dem Weg A1 unter Verwendung des Erwartungswertes von b ermittelt werden kann. Die Abweichung beträgt z. B. für $\alpha = \beta = 0{,}5$ und $\sigma_{b,rel} = 0{,}3$ sowie $r_{ab}\sigma_a/\sigma_0 = -0{,}80$ nur ca. 1%. Bei großer relativer Unsicherheit der Empfindlichkeit ($\sigma_{b,rel} > 0{,}5...0{,}6$) wird die Erfassungsgrenze in jedem Fall unbestimmbar (d. h. x_{EG}^{ob} geht gegen ∞, siehe CURRIE [1997]).

Trotz ähnlicher Zahlenwerte besteht zwischen beiden Kenngrößen im Hinblick auf die Anwendung ein wesentlicher Unterschied.

x_{EG} ist eine als universell gültig angesehene feststehende Verfahrenskenngröße im Sinne der IUPAC-Definition (Currie [1995]). Dagegen charakterisiert x_{EG}^{ob} das Nachweisvermögen *nur* für eine konkrete Realisierung der Kalibrierfunktion. Damit wird dem Umstand Rechnung getragen, dass in speziellen Fällen (z. B. innerhalb eines Labors oder bei Beschränkung auf nur eine Messanordnung oder auf eine hochspezifizierte Matrix) niedrigere Erfassungsgrenzen garantiert werden können. Das ist auch von Bedeutung im Hinblick auf die experimentellen Schwierigkeiten, alle denkbaren Varianzkomponenten für die Ermittlung eines allgemeingültigen Verfahrenskriteriums in das Kalibrierexperiment einzubeziehen (siehe Abschn. 2.3, 3.2 und 3.4 sowie z. B. Wilson [1973]). Deshalb wird in den ISO-Empfehlungen [1995/96] x_{EG}^{ob} als Kenngröße für ein *Verfahren* im Sinne einer konkreten Realisierung der Verfahrensvorschrift (SOP) verwendet.

Bestimmungsgrenze

Die Bestimmungsgrenze als *„quasi concentration domain limit"* erhält man in analoger Weise aus Beziehungen, die (3.33) und (3.34) entsprechen unter Verwendung der Definitionen gemäß (3.11) und (3.14):

$$y_{BG}^{ob} = bx_{BG}^{ob} = k_{BG}\sigma_{y-\hat{y}}(x_{BG}^{ob}) \,, \tag{3.35}$$

wobei sich die Standardabweichung im Gehaltsraum an der Stelle x_{BG}^{ob} bei Homoskedastizität aus (3.21) ergibt. Die analytische Lösung von (3.35) entspricht in diesem Falle der Beziehung zur Ermittlung der Bestimmungsgrenze nach Weg A1, (3.27) mit $J = 1$ und $\hat{b} = b$.

Bei Heteroskedastizität sind iterative Näherungslösungen unter Verwendung von (3.22) zur Schätzung der Standardabweichung möglich, sofern die Varianzfunktion hinreichend bekannt ist.

3.3
Ableitung der Kenngrößen aus Unsicherheitsintervallen

Schematisch wurde der Zusammenhang zwischen den Kenngrößen für das Nachweisvermögen von Analysenverfahren (y_c, x_{NG}, x_{EG}) und der Kalibrierfunktion in Abb. 2.1 (Abschn. 2.1.1) dargestellt. Die Bestimmungsgrenze x_{BG} kann in die folgenden Betrachtungen nicht einbezogen werden, weil sie *willkürlich*, d. h. *aufgabenbezogen* festgelegt wird.

Wegen der stochastischen Signalschwankungen lässt sich jedes zu einem Gehalt x_i gehörende Signal y_i durch einen Mittelwert $\bar{y}_i$ und ein Unsicherheitsintervall (Konfidenzintervall) $\bar{y}_i \pm \Delta\bar{y}_i$ charakterisieren. Die durch die obere bzw. untere Konfidenzgrenze abgetrennten Flächenanteile α bzw. β der Dichteverteilung entsprechen den Irrtumsrisiken für die Fehler 1. bzw. 2. Art.

Verbindet man im interessierenden Gehaltsbereich jeweils die oberen und die unteren Konfidenzgrenzen miteinander, so erhält man zur Kalibrationsgeraden einen Konfidenzbereich, der in Abb. 2.1 idealisiert als Paralle dargestellt ist. In diesem Bereich liegen die Kenngrößen, die der Charakterisierung des Nachweisvermögens dienen:

- das *kritische Signal* als obere Konfidenzgrenze der Blindwertverteilung A,
- der *Gehalt an der traditionellen Nachweisgrenze* x_{NG}, der nur in 50% aller Fälle Signale $y \geq y_c$ liefert (Mitte, Verteilung B) und die
- *Erfassungsgrenze*, d. h. der – bis auf das Irrtumsrisiko β – *sicher erfassbare* (*erkennbare, nachweisbare*) *Gehalt* x_{EG} an der unteren Grenze der Verteilung C.

Aus der schematischen Darstellung geht jedoch nicht hervor, dass wegen des prinzipiellen Unterschiedes zwischen Kenngrößen im *Signal-* und im *Gehalts-raum* auch die Dichteverteilungen, die den jeweiligen Definitionen zugrunde liegen, unterschiedlicher Natur sind.

Der kritische Signalwert y_c dient der a posteriori Beurteilung vorliegender Signale bzw. Messwerte zur Unterscheidung der Signale des gesuchten Analyten von denen der Blindprobe. Folgerichtig ist er definiert durch die obere Konfidenzgrenze der *Messwert*verteilung der Blindproben (Verteilung A).

Die Erfassungsgrenze hingegen ist der *vor* der Analyse (a priori) festzulegende kleinste sicher erfassbare *Gehalt*, der aus Signalwerten durch die inverse Kalibrierfunktion, die *Analysenfunktion* $x = f^{-1}(y)$ ermittelt werden kann. Demzufolge ist x_{EG} exakterweise zu definieren als Untergrenze eines *Prognose*bereichs, und die zugrunde gelegte Verteilung C muss über die Messwertschwankungen für gegebene Gehalte hinaus alle Unsicherheiten der Analysenergebnisse aus Kalibrier- und (unbekannten) Analysenproben einschließen, und zwar als stochastische Anteile, die bedingt sein können durch das Verfahren, die Umgebung und auch die Qualität der Kalibrierproben. Diese „Umkehrung im statistischen Sinne" (Bos und Junker [1983]) ermöglicht *beiläufig* auch die Schätzung eines Konfidenzbereiches zu dem Gehalt, der einem gegebenen Signal entspricht (Hubaux und Vos [1970]).

Zur Veranschaulichung des Problems der Umkehrung im statistischen Sinne muss man bedenken, dass die der Definition von y_c dienende Dichteverteilung A in Abb. 2.1 nur die Blindwertschwankungen repräsentiert, während die Verteilungen zur Definition der Gehaltswerte x_{NG} und x_{EG} (B und C) in der Praxis alle Unsicherheiten von Gehaltsbestimmungen einschließen müssen. Nähere Erläuterungen dazu geben Sharaf et al. [1986, S. 128 f.].

In der Literatur findet man verschiedene Ansätze zur numerischen Lösung dieser Aufgabe und damit zur Definition der Kenngrößen auf der Basis von Parametern der geschätzten Kalibrierfunktion. Sie unterscheiden sich vor allem durch Umfang und Grad vereinfachender Annahmen. Vergleichende Betrachtungen werden darüber hinaus erschwert durch die verwirrende Vielfalt von Symbolen und Bezeichnungsweisen (siehe auch Anhang).

In den nachfolgenden Abschnitten werden einige Lösungswege unter weitgehender Verwendung der in dieser Arbeit verwendeten Nomenklatur und Symbolik vorgestellt. Generelle Voraussetzungen dafür sind

- stetig normalverteilte Messwerte konstanter Varianz (Homoskedastizität)
- eine im interessierenden Gehaltsbereich lineare Kalibrierfunktion der Form $y = a + bx + \varepsilon$, wobei die Fehler ε normalverteilt sind nach $N(0, \sigma)$
- Schätzung der Kalibrierfunktion aus den Daten eines Kalibrierexperiments durch ungewichtete Regression noch der GAUSSschen Methode der kleinsten Fehlerquadrate.

Auf Lösungsansätze für Abweichungen von diesen Voraussetzungen (z. B. Heteroskedastizität, nichtlineare Kalibrierfunktion) wird in Abschn. 3.3.4 und 5.1 hingewiesen.

Prinzipiell sind jedoch die Kenngrößen bei dieser Vorgehensweise keine feststehenden Werte, sondern aus dem jeweiligen Kalibrierexperiment resultierende Zufallsvariable.

3.3.1
Allgemeines Konzept der Messunsicherheit

Die Ermittlung der Kenngrößen beruht auf einer objektiven Schätzung der Unsicherheitsintervalle. Diese werden nach den allgemeinen Regeln der Ermittlung der Messunsicherheit nach dem GUM-Konzept (*Guide to the Expression of Uncertainty in Measurement*, ISO [1993], EURACHEM [1995, 1998]) berechnet. Unter bestimmten Umständen kann die Messunsicherheit jedoch auch in Form statistischer Konfidenzintervalle (Vertrauensbereiche, Toleranz- oder Anteilsbereiche) bzw. Prognoseintervalle (Vorhersagebereiche) ausgedrückt werden. Als Grundlage für deren Berechnung dient meist die Standardabweichung der Blindwerte bzw. der Kenngrößen selbst. Doch schon in frühen Stadien des Umganges mit Kenngrößen gab es Anlass zu nachdrücklichen Hinweisen, dass die Standardabweichungen nicht nur die Variationen des Messprozesses, sondern des gesamten analytischen Prozesses umfassen sollen (z. B. KAISER [1965, 1966], EHRLICH [1969]). Nicht einfach Wiederholungsmessungen, sondern nur komplette Wiederholungsanalysen an gesonderten Proben, die den gesamten Analysengang durchlaufen, ergeben repräsentative Werte für die Standardabweichungen auf der Grundlage einer umfassenden Fehlerfortpflanzungsberechnung unter Berücksichtigung der Variationsanteile in den einzelnen Analysenschritten. Auch Probennahmefehler insbesondere bei inhomogen Materialien müssen dabei einbezogen werden.

Da in der analytischen Praxis gegen diese Forderungen immer wieder – unbewusst oder bewusst – verstoßen wurde, sind Standardabweichungen und damit Kenngrößen wie Nachweis-, Erfassungs- und Bestimmungsgrenze häufig zu optimistisch geschätzt worden. Dem entgegenzuwirken, entstanden schließlich in den neunziger Jahren Richtlinien über die *Ermittlung der Messunsi-*

cherheit in der Analytischen Chemie (ISO [1993], EURACHEM [1995, 1998]). Entsprechend diesen Richtlinien ist Unsicherheit ein *„dem Messergebnis zugeordneter Parameter, der die Streuung der Werte kennzeichnet, die vernünftigerweise der Messgröße zugeordnet werden"* kann. Ein solcher Parameter kann beispielsweise die Standardabweichung oder ein Vielfaches davon oder auch die halbe Breite eines Unsicherheitsbereiches sein.

In den einfachsten Fällen können die *Unsicherheitsintervalle* (siehe S. XII) ermittelt werden in Form von *Vertrauensbereichen* (Konfidenzintervallen), die entweder einseitig, $\Delta \bar{y}_{cnf}$ bzw. $\Delta \bar{x}_{cnf}$, oder zweiseitig

$$cnf(\bar{y}) = \bar{y} \pm \Delta \bar{y}_{cnf} , \qquad (3.36a)$$

$$cnf(\bar{x}) = \bar{x} \pm \Delta \bar{x}_{cnf} \qquad (3.36b)$$

angegeben werden. Für die Nachweisproblematik bedeutsam sind *Vorhersagebereiche*, die zwei Unsicherheitsanteile enthalten, und zwar den der Messung und den der Kalibration, auf deren Grundlage die Messung erfolgt (Prognoseintervalle). Auch diese werden entweder einseitig, $\Delta \bar{x}_{prd}$, oder zweiseitig angewendet

$$prd(\bar{x}) = \bar{x} \pm \Delta \bar{x}_{prd} . \qquad (3.37)$$

Die *erweiterte Unsicherheit* charakterisiert nach ISO [1993] bzw. EURACHEM [1995] ein *Intervall* um das Messergebnis, in dem der Messwert mit einer bestimmten Wahrscheinlichkeit (statistischen Sicherheit P) erwartet werden kann und stellen damit die Streuung von Messwerten in ihrer allgemeinste Form dar. Die erweiterte Unsicherheit errechnet sich aus der *kombinierten Standardunsicherheit* $u_c(y)$ durch Multiplikation mit einem Erweiterungsfaktor k, der entsprechend der gegebenen Wahrscheinlichkeit anzunehmen ist (oft $k = 2$) zu

$$U(y) = ku_c(y) \qquad (3.38)$$

und das *Intervall der erweiterten Unsicherheit* dementsprechend zu

$$\bar{y} \pm U(\bar{y}) . \qquad (3.39)$$

Die Messunsicherheit in diesem Sinne setzt sich im Allgemeinen aus mehreren Komponenten zusammen, die auf statistischem Wege ermittelt werden können, teilweise jedoch auch durch andere als statistische Methoden. Die statistischen Varianzanteile werden gelegentlich auch als Typ-A-Fehler bezeichnet und demgegenüber nichtstatistische Varianzanteile, die auf der Grundlage von Erfahrungen, Abschätzungen, entsprechend der Literatur oder subjektiver Wahrscheinlichkeiten abgeschätzt werden können, als Typ-B-Fehler. Die Messunsicherheit wird dann insgesamt durch konsequente Fehlerfortpflanzung aller Varianzanteile ermittelt, wobei alle in Frage kommenden Unsicherheitsbeiträge in Betracht gezogen werden. Als Vorgehensweise für die Ermittlung der Messunsicherheit wird folgender Gang empfohlen (ISO [1993], EURA-CHEM [1995]):

1. Spezifikation der Messgröße bzw. der Analysengröße sowie ihrer Beziehung zu den Ermittlungs- und Einflussparametern, und zwar in Form einer Bestimmungsgleichung,
2. Identifizierung und Auflistung der Quellen für Unsicherheiten für jeden Teil des analytischen Prozesses,
3. Quantifizierung der Unsicherheit und ihrer größenordnungsmäßigen Relationen zueinander[7],
4. Umwandlung der Unsicherheiten in Standardunsicherheiten, z. B. $u_i(y)$, d. h. Schwankungsgrößen, die ihrem Charakter nach Standardabweichungen entsprechen,
5. Berechnung der kombinierten Unsicherheit nach den Regeln der Fehlerfortpflanzung, z. B. nach $u_c(y) = \sqrt{u_1(y)^2 + u_2(y)^2 + \ldots}$, wobei einige Terme „echte" Varianzen im statistischen Sinne sein können (z. B. $\sigma_{y_i}^2$)
6. Berechnung der erweiterten Unsicherheit U durch Multiplikation mit einem Erweiterungsfaktor k, der entsprechend den Voraussetzungen (Signifikanzniveau, Kenntnisse über die vorliegende Verteilung, Anzahl der Einzelbestimmungen) zwischen 2 und 3 festzulegen ist; oft wird $k = 2$ empfohlen (EURACHEM [1995]) entsprechend (3.38).

Als Hilfsmittel zur Berechnung können *Piktogramm-Darstellungen* der Arbeitsschritte des vollständigen Analysenverfahrens, *Ursachen-Wirkungs-Diagramme* für die Messunsicherheit sowie Tabellenkalkulationsschemata in Computerprogrammen genutzt werden (EURACHEM [1998], BEINERT et al. [2005]). Als Alternativen zu komplizierten Unsicherheitsfortpflanzungsrechnungen können Monte-Carlo-Simulationen dienen.

Durch die Einbeziehung der Variationsanteile aller Teilschritte des analytischen Prozesses von der Probennahme, -beschaffenheit und -stabilität über die Probenvorbereitung bis hin zur Messung und Auswertung[8] und deren regelgerechter Verknüpfung über Fehlerfortpflanzungsgesetze werden Unsicherheitsangaben hoher Zuverlässigkeit erhalten[9]. Deren Verwendung bei der Ermittlung der Kenngrößen ermöglicht einen spezifischen Zuschnitt auf die jeweils in Betracht kommenden Fehleranteile, z. B. $U(y_{BL}, b)$ bei der Schätzung

---

[7] Unterscheiden sich Unsicherheitskomponenten um eine Größenordnung voneinander ($u_2 \approx 0{,}1u_1$), so können diese (u_2) vernachlässigt werden, da durch die Umwandlung in Varianzen der Unterschied nur noch 1% beträgt ($u_2^2 \approx 0{,}01u_1^2$)

[8] Wurden früher Auswertefehler wegen vermuteter Unerheblichkeit gegenüber anderen Fehleranteilen meist außer acht gelassen, so sollte man heute die unkritische Anwendung von Computersoftware (logische Fehler, ungeeignete Kalibriermodelle, falsche Fehlergrößen, ungeeignete Modellansätze) durchaus in Betracht ziehen

[9] Eine Reihe von Anwendungsbeispielen für Fehlerfortpflanzungen und Berechnungen der kombinierten Standardunsicherheit ist in EURACHEM [1998] angegeben, z. B. für eine Säure-Basen-Titration, eine Cadmiumbestimmung mittels AAS und eine Bestimmung von Organophosphor-Pestizid-Rückständen in Brot

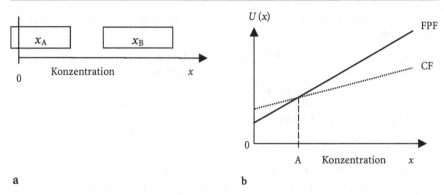

Abb. 3.2. Schematische Darstellung der Unsicherheitsbereiche zweier Analysenergebnisse x_A und x_B (a) sowie der charakteristischen Funktion (CF) und der FFP- (fitness-for-purpose) Funktion $U(x) = f(x)$

der Nachweisgrenze ($x_{NG} = u(y_{BL}, b)/b$) oder $U(y_{BL}, y_c, b)$ bei der Schätzung der Erfassungsgrenze x_{EG}.

Auf dem Unsicherheitskonzept, das in den letzten Jahren international zunehmend an Bedeutung gewonnen hat, basiert ein von THOMPSON [1998] entwickeltes Modell, das die Zweckmäßigkeit von Kenngrößen völlig in Frage stellt. Bei all den objektiven und subjektiven Verständnis- und Anwendungsschwierigkeiten, die mit der Ermittlung und Verwendung der Kenngrößen verbunden sind, hält er es für sinnvoller, Nachweisentscheidungen auf anderem Wege, nämlich über die Messunsicherheit eines Analysensystems, zu treffen.

Die Unsicherheit $U(y)$ entsprechend (3.38) repräsentiert wie ein Prognoseintervall den Bereich um den Messwert, der mit hoher Wahrscheinlichkeit den wahren Wert enthält. Von der Konzentration an, deren Messunsicherheit den Wert Null bzw. den Blindwert einschließt, wie in Abb. 3.2 dargestellt, ist der sichere Nachweis nicht mehr gewährleistet. Stellt man die Unsicherheit als Funktion der Konzentration als „charakteristische Funktion" des Analysenverfahrens dar und trägt in das gleiche Diagramm für jeden Gehalt die maximal zulässige Schwankungsbreite der Messwerte als „fitness for purpose uncertainty" (FFP, THOMPSON und FEARN [1996]) ein, wie in Abb. 3.2b dargestellt, so erkennt man unmittelbar am Schnittpunkt A, bis zu welchen Konzentration das Analysenverfahren den Anforderungen genügt.

Den Einwand, dass es ein symmetrisches Unsicherheitsintervall um Null nicht geben kann, weil immer $x \geq 0$ ist, entkräftet THOMPSON [1998] mit dem Hinweis, dass die zu jeder Konzentration entsprechend der Kalibrierfunktion gehörenden Messwerte eingetragen werden können. Diese können immer (im Falle der Differenzbildung Messwert – Blindwert auch bei Zählverfahren) negativ sein, sofern das Verfahren hinreichend empfindlich ist.

Dieser Vorschlag erspart dem Praktiker das tiefere Eindringen in komplizierte mathematische Zusammenhänge und hat den Vorzug, die Unsicherheit der Analysenergebnisse nach dem zunehmend stärker akzeptierten Konzept der *Uncertainty* zu bewerten, anstatt mit Standardabweichungen und Konfidenz- bzw. Prognoseintervallen umzugehen, die zudem nur Zufallsfehler umfassen und an deren Verteilung gebunden sind. Allerdings bleibt offen, ob es gelingt, die Uncertainty zuverlässig, reproduzier- und vergleichbar für unterschiedliche Verfahren und Anwendungsgebiete zu schätzen. Als neue Kenngrößen könnten dann Anstieg und Ordinatenabschnitt der *charakteristischen Verfahrensfunktion CF* dienen.

3.3.2
Lokale Konfidenzintervalle

Die statistische Vorgehensweise veranschaulichen am besten die Ableitungen von Bos und Junker [1983] *für exakt bekannte Messwertstreuung σ^2 und Empfindlichkeit b*. In diesem Falle ergeben sich Konfidenzintervalle konstanter Breite im gesamten Gehaltsbereich, über die sich die Kenngrößen durch mathematische Umkehrung ermitteln lassen, siehe Abb. 3.3.

Bezeichnet man die Breite des zweiseitigen lokalen 95%-Konfidenzintervalls mit $I_{0,95}$, so gilt für $\alpha = \beta = 0,975$

$$I_{y(0,95)} = 2\Delta y_{0,975} = 2u_{0,975}\sigma \tag{3.40}$$

und man erhält durch Umkehrung der Kalibrierfunktion das zweiseitige Prognoseintervall zu einem Gehalt $\widehat{x}$, der über die Kalibrationsfunktion ermittelt wurde, nach der Beziehung

$$I_{\widehat{x}(0,95)} = \widehat{x} \pm \frac{\Delta y_{0,975}}{b} . \tag{3.41}$$

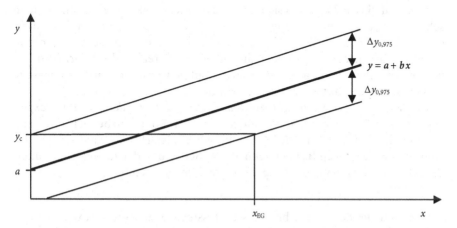

Abb. 3.3. Definition des kritischen Messwertes y_c und der Erfassungsgrenze x_{EG} über die lokalen Konfidenzintervalle der Kalibriergeraden $y = a + bx$ bei fehlerfrei bekannten Parametern a und b (nach Bos und Junker [1983])

Demzufolge ergeben sich die Kenngrößen nach den Beziehungen

$$y_c = a + \Delta y_{0,975} = a \pm u_{0,975}\sigma \tag{3.42}$$

$$x_{EG} = \frac{y_c + \Delta y_{0,975}}{b} = \frac{a + 2\Delta y_{0,975}}{b} = \frac{a + 2u_{0,975}\sigma}{b}. \tag{3.43}$$

Das bedeutet, dass bei einer hinreichend großen Anzahl von Messungen sowohl das Risiko, einen Blindwert als Analysensignal anzusehen (*blinder Alarm*), als auch das, ein *echtes* Signal als Blindwert zu deuten und damit zu „übersehen" (*Signallücke*), jeweils 2,5% beträgt. Diese Risiken sind zwar inhaltlich verwandt, aber formal nicht identisch mit den Risiken α und β für Fehler 1. und 2. Art bei der Hypothesentestung, weil es sich um ganz unterschiedliche statistische Modelle handelt.

Im Prinzip lässt sich auch in diesem Fall durch eine sehr große Zahl von Wiederholungsversuchen das Nachweisvermögen „beliebig" verbessern, doch stößt das, weil stets der gesamte Analysengang zu wiederholen ist, rasch auf praktische Grenzen, die ausführlich in Abschn. 2.3 dargelegt wurden. Außerdem ist b nahe dem Blindwert nicht mehr konstant, sondern nimmt ab, wodurch x_{NG} gemäß (3.43) ansteigt.

Zur optimalen Gestaltung des Kalibrierexperiments empfehlen Bos und JUNKER [1983] etwa 5 bis 10 Kalibrierproben gleichmäßig über den interessierenden Konzentrationsbereich verteilt je etwa zehnmal zu analysieren.

Setzt man in den (3.42) und (3.43) nach dem KAISERschen Vorschlag [1956, 1965, 1966] anstelle von $u_{0,975}$ den Wert 3 ein, um trotz ungenauer Kenntnis von σ und möglicher Abweichung von der Normalverteilung genügend statistische Sicherheit zu gewährleisten, erhält man aus diesen Beziehungen unmittelbar das sogenannte „3σ"- bzw. „6σ"-Kriterium.

Auch auf diesem Weg zeigt sich also. dass der KAISERsche Ansatz mit seinem sehr groben, dafür aber robusten Modell in den meisten Fällen hinreichend sichere Aussagen liefert. Mit verfeinerten Modellen lassen sich allerdings, sofern die zugrunde gelegten Voraussetzungen sicher zutreffen, die Informationen über das Analysenverfahren besser ausschöpfen, womit dessen Leistungsvermögen besser charakterisiert werden kann.

Müssen die *Varianzen und die Empfindlichkeit aus dem Kalibrierexperiment geschätzt* werden, so verändert sich der Konfidenzbereich mit dem Gehalt, wie es in Abb. 3.4 schematisch dargestellt ist. HUBAUX und Vos [1970] leiteten für diesen Fall Beziehungen ab zur Schätzung der Kenngrößen unter Berücksichtigung der Gestaltung des Kalibrierexperiments.

Dazu gehören

– die Weite des bei der Kalibrierung umfassten Gehaltsbereichs, $x_{max} - x_1$
– die Anzahl m der Kalibrierproben und deren Anordnung sowie
– die Anzahl r der Wiederholungsbestimmungen je Gehaltsstufe.

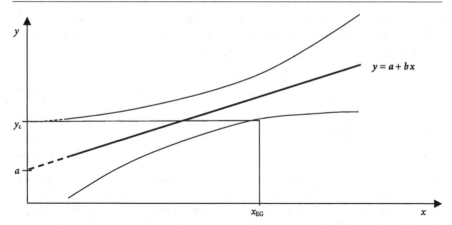

Abb. 3.4. Schematische Darstellung der Aufweitung der lokalen Konfidenzintervalle der in Abb. 3.3 dargestellten Kalibriergeraden bei Schätzung der Parameter a und b aus dem Kalibrierexperiment (nach Bos und JUNKER [1983])

Im Falle $\alpha = \beta$ gilt für die Breite des (symmetrischen) Konfidenzbereichs für jeden Gehalt x

$$2\Delta y_{1-\alpha} = \bar{y} + b(x_i - \bar{x}) \pm u_{1-\alpha/2}s_{\text{ges}} \,, \tag{3.44}$$

wobei $\bar{x}$ den Mittelwert der Gehalte über alle Kalibrierproben darstellt und s_{ges}^2 die Summe aus der Varianz s_y^2 und der Varianz der Reststreuung s_{rest}^2.

Wird s_{rest}^2 durch lineare Regression aus den Ergebnissen der Kalibrierexperimente geschätzt als

$$s_{\text{rest}}^2 = \frac{\sum\limits_{i=1}^{m} [y_i - a - b(x_i - \bar{x})]^2}{m - 2} \,, \tag{3.45}$$

so geht (3.44) über in

$$2\Delta y_{i_{1-\alpha,\nu}} = \bar{y} + b(x_i - \bar{x}) \pm st_{1-\alpha,\nu}\sqrt{1 + \frac{1}{n} + \frac{(x_i - \bar{x})^2}{\sum\limits_{i=1}^{m}(x_i - \bar{x})^2}} \tag{3.44a}$$

mit $n = mr$ und $\nu = n - 2$.

Damit folgt für y_c, also die obere Konfidenzgrenze der Messwerte der Blindprobe ($x = 0$),

$$y_c = \bar{y}_{\text{BL}} + b\bar{x} + st_{1-\alpha,\nu}\sqrt{1 + \frac{1}{n} + \frac{\bar{x}^2}{\sum(x_i - \bar{x})^2}} \,. \tag{3.46}$$

Ersetzt man $\bar{y} - b\bar{x}$ durch den aus der Regressionsrechnung erhaltenen Ordinatenabschnitt a und fasst die Faktoren, mit denen s zu multiplizieren ist, zu einem Faktor P zusammen, so ergibt sich mit

$$P = t_{1-\alpha,\nu}\sqrt{1 + \frac{1}{n} + \frac{\bar{x}^2}{\sum (x_i - \bar{x})^2}} \qquad (3.47)$$

der kritische Messwert y_c zu

$$y_c = a + Ps . \qquad (3.46a)$$

Nach Abb. 2.1 in Abschn. 2.1.1 entspricht dem kritischen Messwert y_c gemäß Kalibrierfunktion der Gehalt x_{NG}. Die untere Konfidenzgrenze entspricht x_{EG} (siehe Horizontalschnitt durch die x-y-Ebene) und für den zur Erfassungsgrenze gehörende Messwert y_{EG} gilt

$$y_{EG} = a + Ps + Qs = y_c + Qs \qquad (3.48)$$

mit

$$Q = t_{1-\beta,\nu}\sqrt{1 + \frac{1}{n} + \frac{(x_{EG} - \bar{x})^2}{\sum (x_i - \bar{x})^2}} . \qquad (3.49)$$

Weil x_{EG} in (3.49) auftritt, ist die Erfassungsgrenze nur iterativ zu ermitteln (siehe Abschn. 3.2.1). Außerdem müssen die Voraussetzungen für die Umkehr im statistischen Sinne erfüllt sein. Nach diesen Beziehungen lassen sich natürlich, genauso wie aus den einfachen Näherungen von Bos und JUNKER [1983], Konfidenzgrenzen für Analysenergebnisse ermitteln, wie dies in Abb. 3.5 dargestellt ist.

Aus dem von HOBAUX und VOS [1970] abgeleiteten Beziehungen ergeben sich folgende qualitativen Schlussfolgerungen für den Einfluss des Kalibrierexperimentes auf das Nachweisvermögen:

- Die relative Breite des in die Kalibrierung einbezogenen Gehaltsbereiches $R = (x_{max} - x_1)/x_1$ sollte nicht kleiner als 10 sein, andererseits bringen Werte $R \geq 20$ keinen Gewinn. Wird die Blindprobe in die Kalibrierung einbezogen, darf deren Gehalt nicht als exakt Null angenommen werden[10].
- Die Anzahl der Kalibrierproben hat über die Faktoren t, P und Q großen Einfluss auf die Kenngrößen für das Nachweisvermögen. Sie sollte deshalb im Interesse hoher Leistungsfähigkeit möglichst groß, mindestens aber 6 sein.
- Um außer hohem Nachweisvermögen auch eine Linearitätsprüfung zu ermöglichen, sollte von den m Kalibrierproben eine größere Anzahl m^* nahe dem Blindwert, eine in der Mitte und der Rest am Ende des Gehaltsbereiches der Kalibrierung liegen. Der Wert m^* kann in Abhängigkeit von R aus Diagrammen entnommen werden und liegt meist zwischen $0{,}40m$ und $0{,}66m$.

---

[10] Geräteinterne Software, die bei der Auswertung von Kalibriermessungen dem Blindwert automatisch den Gehalt Null zuordnet, kann die Aussagen verfälschen

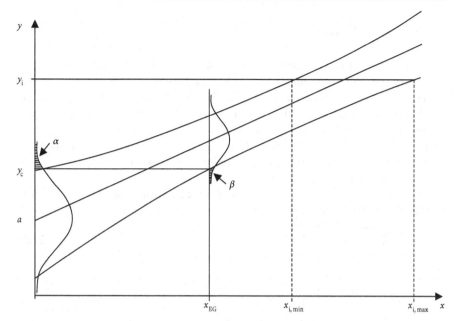

Abb. 3.5. Definition des kritischen Messwertes y_c und der Erfassungsgrenze x_{EG} über die Konfidenzintervalle einer experimentell ermittelten Kalibriergeraden (nach HUBAUX und Vos [1970]), $x_{i,min}$ und $x_{i,max}$ repräsentieren die untere und die obere Konfidenzgrenze des Gehaltes, der dem Messwert y_i entspricht

– Bei gesicherter Varianzhomogenität[11] ist es sinnvoll, $n = m \cdot r$ und damit die Zahl der statistischen Freiheitsgrade v durch Mehrfachbestimmungen an den Kalibrierproben ($r = 2$ bis 4) zu erhöhen.

Unabhängig vom Kalibrierexperiment lässt sich natürlich das Nachweisvermögen durch N-fachbestimmung an der Analysenprobe verbessern. Dafür gilt

$$P_N^2 = P_n^2 - \left(1 - \frac{1}{N}\right) t_{1-\alpha,v}^2 \tag{3.47a}$$

und entsprechend

$$Q_N^2 = Q_n^2 - \left(1 - \frac{1}{N}\right) t_{1-\beta,v}^2 . \tag{3.49a}$$

Die Größen P_n und Q_n entsprechen den Faktoren P und Q in (3.47) und (3.49).

---

[11] Prüfung durch Vergleich der Varianz von Wiederholungsbestimmungen mit der Reststreuung aus der Regressionsrechnung, siehe z. B. SACHS [1992]

3.3.3
Simultane Anteilsbereiche

Ansätze zur Schätzung *simultaner Konfidenzbereiche* ermöglichen die mathematisch exakte Ermittlung von Konfidenzintervallen für beliebige Gehaltswerte. Sie stellen Konfidenzschätzungen für den wahren funktionalen Zusammenhang von y und x dar, eignen sich jedoch ebenfalls nicht direkt zur Ableitung der Kenngrößen, weil sie nicht die Umkehrung im statistischen Sinne ermöglichen (HARTMANN [1989]). Dazu benötigt man, wie LUTHARDT et al. [1987] ausführlich dargelegt haben, *simultane Anteilsbereiche*[12], die auch als Toleranzintervalle bezeichnet werden.

Dafür schätzt man zunächst ein *simultanes Konfidenzband* zur Kalibriergeraden nach der Gleichung

$$K_{\alpha/2} = \widehat{a} + \widehat{b}x \pm A(x)\widehat{\sigma} \tag{3.50}$$

mit

$$A(x) = \sqrt{2F_{2,v,1-\alpha/2}\left(\frac{1}{n} + \frac{(x_i - \overline{x})^2}{S_{xx}}\right)}, \tag{3.50'}$$

worin bedeuten $F_{2,v,1-\alpha/2}$ Quantil der F-Verteilung mit $(2, v)$ Freiheitsgraden und der statistischen Sicherheit $1 - \alpha/2$ (einseitig), $\widehat{\sigma}^2$ Erwartungsgetreue Schätzung für σ^2 mit v Freiheitsgraden, $\overline{x} = \frac{1}{n}\sum_{i=1}^{m} r_i x_i$, $S_{xx} = \sum_{i=1}^{m} r_i(x_i - \overline{x})^2$ Mittelwert und „Streuung" der Kalibriergehalte, wenn für $i = 1, ..., m$ Gehalte jeweils r Bestimmungen ausgeführt werden. Wird $\widehat{\sigma}^2$ als Reststreuung s_{rest}^2 mit der Kalibrationsfunktion geschätzt, so gilt

$$\widehat{\sigma}^2 \equiv s_{\text{rest}}^2 = \frac{1}{n-2}\sum_{i=1}^{m}\sum_{j=1}^{r_i}(y_{ij} - \widehat{a} - \widehat{b}x_i)^2 . \tag{3.50''}$$

Abb. 3.6 zeigt eine Kalibriergerade mit ihrem auf diese Weise ermitteltem Konfidenzband. Es schließt, wie auch die nach (3.44) geschätzten lokalen Konfidenzbereiche, die statistische Unsicherheit der experimentell bestimmten Kalibriergeraden ein, so dass die Grenzen, wie schon in Abb. 3.4 schematisch dargestellt, hyperbelförmig verlaufen und es dadurch zu einer Aufweitung der Konfidenzintervalle an den Rändern des Kalibrierbereiches kommt.

---

[12] Um Irrtümer zu vermeiden, muss der Sprachgebrauch dieser Autoren sorgfältig beachtet werden. Sie bezeichnen die beiden Grenzwerte y_c und x_{EG} als *Nachweis-* bzw. *Bestimmungsgrenze* und lehnen den Begriff Bestimmungsgrenze in dem im Abschn. 2.4.3 definierten Sinne als Verfahrenskenngröße ab

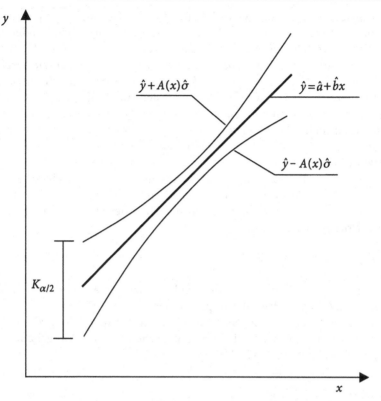

Abb. 3.6. Schematische Darstellung des Konfidenzbandes zur Kalibriergeraden $y = a + bx$, abgeleitet aus den simultanen Anteilsbereichen gemäß (3.50) und (3.50′) nach LUTHARDT et al. [1987]; $\alpha/2$ bezeichnet das Irrtumsrisiko für die jeweils einseitige Fragestellung an der oberen und an der unteren Konfidenzgrenze

Die Strecke $K_{\alpha/2}$ entspricht der Größe $I_{y(\alpha)}$ in (3.40), wobei $\alpha/2$ das einseitige Irrtumsrisiko für das obere und das untere Konfidenzintervall bezeichnet, α dagegen sich auf das gesamte Konfidenzband bezieht.

Unter Verwendung dieses Konfidenzbandes kann durch Umkehr der Kalibrierfunktion die Erfassungsgrenze, also der **Gehalt** x_{EG} ermittelt werden. Zu dieser a priori Verfahrenscharakterisierung ist jedoch zusätzlich der Messwertebereich um den Wert y_0 zu schätzen (zu **prognostizieren**), in dem der vom Gehalt x_0 erzeugte Messwert mit hoher Wahrscheinlichkeit liegen wird. Solche Prognosebereiche werden als Toleranzintervalle bezeichnet, umgangssprachlich oft auch einfach als „Streubereich".

Sie dienen in der Statistik ganz allgemein zum Schluss von Parametern einer Grundgesamtheit (z. B. Mittelwert und Standardabweichung) auf künftige Stichproben, also auf die Ergebnisse zukünftiger Messungen unter identischen Bedingungen. Sie sind somit das Gegenstück zum Konfidenzintervall, das die

Zuverlässigkeit einer Parameterschätzung für eine Grundgesamtheit aus einer Stichprobe charakterisiert. Der $(1 - \gamma)$-Toleranzbereich enthält mit der vorgegebenen Wahrscheinlichkeit $(1 - \alpha)$ den Anteil $(1 - \gamma)$ der Grundgesamtheit (siehe z. B. Sachs [1992], S. 179, 559). Man spricht auch von *Anteilsbereichen*.

Im vorliegenden Fall ist zur konkreten Lösung der Umkehraufgabe der Toleranzbereich der Messwerte zu einem festen, aber unbekannten Gehalt für eine gegebene Wahrscheinlichkeit zu ermitteln. Das ist der Anteil $(1 - \gamma)$ der Grundgesamtheit aller Messwerte, in dem der Wert y_0, der gemäß inverser Kalibrierfunktion zum Gehalt x_0 gehört, mit der Wahrscheinlichkeit $(1 - \alpha)$ zu erwarten ist.

Für normalverteilte Messwerte mit bekannter Standardabweichung und bekanntem Erwartungswert $\bar{y}_0$ aus einer N-fachbestimmung ergäbe sich der $(1 - \gamma)$-Toleranz- bzw. Anteilsbereich mit Hilfe des Quantils der standardisierten Normalverteilung $u_{1-\gamma/2}$ zu

$$T_{y(\gamma)} = y_0 \pm u_{1-\gamma/2} \frac{\sigma}{\sqrt{N}} , \tag{3.51}$$

wenn man annimmt, dass sich einseitig begrenzte Anteilsbereiche wie Konfidenzintervalle aus zweiseitigen approximieren lassen.

Da σ aber geschätzt werden muss, lässt sich für den Toleranzbereich nur eine Schätzgröße mit der statistischen Sicherheit $(1 - \alpha/2)$ angeben, die mit $J_{y(\gamma,\alpha/2)}$ bezeichnet werden soll. Es gilt

$$J_{y(\gamma,\alpha/2)} = \bar{y}_0 \pm B \frac{\widehat{\sigma}}{\sqrt{N}} \tag{3.51a}$$

mit

$$B = u_{1-\gamma/2} \sqrt{\frac{\nu}{\chi^2_{\nu,\alpha/2}}} , \tag{3.51a$'$}$$

wobei $\chi^2_{\nu,\alpha/2}$ das untere Quantil der χ^2-Verteilung und $\widehat{\sigma}$ die mit ν Freiheitsgraden geschätzte Standardabweichung darstellen.

Die Lösung der Umkehraufgabe, also die Ermittlung des *realen* Unsicherheitsintervalls von Gehaltsangaben $I^{\text{real}}_{x(\gamma,\alpha)} = \widehat{x}_0 \pm \Delta x = x^{\text{ob}} - x^{\text{u}}$ ist graphisch auf zwei Wegen möglich:

- entweder bildet man das Intervall $J_{y(\gamma,\alpha/2)}$ auf die Gehaltsachse ab, wie in Abb. 3.7a dargestellt
- oder man trägt, vorausgesetzt N ist bei allen Bestimmungen konstant, $B\sigma/\sqrt{N}$ an die Begrenzung des Konfidenzbandes an und erhält $I^{\text{real}}_{x(\gamma,\alpha)}$ über das Intervall

$$H_{y(\gamma,\alpha)} = \widehat{a} + \widehat{b}x \pm \left(A(x) + \frac{B}{\sqrt{N}} \right) \widehat{\sigma} , \tag{3.52}$$

wie in Abb. 3.7b dargestellt.

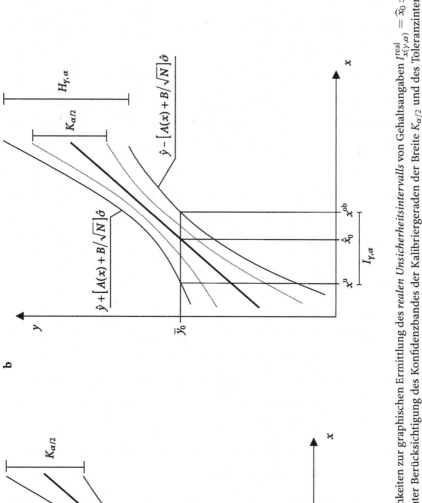

Abb. 3.7. Zwei Möglichkeiten zur graphischen Ermittlung des *realen Unsicherheitsintervalls* von Gehaltsangaben $I^{real}_{x(y,\alpha)} = \hat{x}_0 \pm \Delta x = x^{ob} - x^u$ aus einem Messwert $\bar{y}_0$ unter Berücksichtigung des Konfidenzbandes der Kalibriergeraden der Breite $K_{\alpha/2}$ und des Toleranzintervalls der Messwerte $I_{y(y\alpha/2)}$ gemäß (3.50) und (3.51) (**A**) bzw. (3.52) (**B**), nach LUTHARDT et al. [1987]

In beiden Fällen kann die statistische Sicherheit $(1 - \alpha)$ für die Gesamtaussage angenommen werden, wenn sowohl für das Konfidenzband als auch für die Toleranzbereichsschätzung $P = 1 - \alpha/2$ gewählt wurde. Für $\alpha = \gamma/2 = 0{,}05$ ist das Gehaltsintervall $I^{real}_{x_{\gamma,\alpha}}$ mit einer statistischen Sicherheit von 95% eine Realisierung der Intervallschätzung, die mit 90%iger Wahrscheinlichkeit den tatsächlichen, unbekannten Gehalt x_0 enthält. Den Quotienten $(x^{ob} - x^u)/x_0$ kann man als relativen Fehler der Konzentrationsangabe interpretieren.

Das Konzept der simultanen Anteilsbereiche ist in Abb. 3.8 veranschaulicht. Für die Kenngrößen, die das Nachweisvermögen charakterisieren, lassen sich danach folgende Beziehungen ableiten.

Der kritische Messwert y_c ist die Obergrenze des beim Gehalt $x = 0$ geschätzten $(1 - \gamma)$-Toleranzintervalls für den Blindwert $\bar{y}_{BL} = a$ gemäß (3.51a) und (3.52), wobei $A(0)$ sich aus (3.50′) mit $x_i = 0$ ergibt und B gemäß (3.51a′) das Irrtumsrisiko α beinhaltet, mit dem diese Aussage behaftet ist. Das bedeutet, sie gilt nur in $(1 - \alpha) \cdot 100\%$ aller Fälle.

Der kritische Messwert y_c ergibt sich nach

$$y_c = \widehat{a} + \left(A(0) + \frac{B}{\sqrt{N}} \right) \widehat{\sigma} \, . \tag{3.53}$$

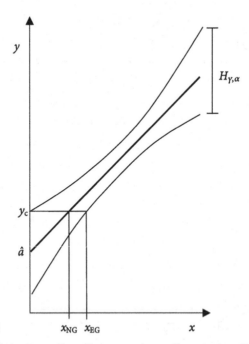

Abb. 3.8. Schematische Darstellung einer experimentell ermittelten Kalibriergeraden mit den Grenzen des oberen und unteren Toleranzintervalls gemäß (3.52) und den Kenngrößen für das Nachweisvermögen gemäß (3.53) und (3.54) (nach LUTHARDT et al. [1987])

Der diesem Messwert entsprechende Gehalt ist die KAISERsche Nachweisgrenze $x_{NG} = (y_c - \widehat{a})/b$. Mit den Begriffen des Toleranz- bzw. Anteilbereichskonzeptes ausgedrückt, repräsentiert sie den kleinsten Gehalt, für den die Untergrenze des Intervalls $I_{x_{y,\alpha}}$, nämlich x^u, nicht negativ ist.

Die Erfassungsgrenze x_{EG} ist definiert durch die explizit nicht darstellbare Lösung der Gleichung

$$y_c = \widehat{a} + \widehat{b}x_{EG} - \left(A(x_{EG}) + \frac{B}{\sqrt{N}}\right)\widehat{\sigma}. \tag{3.54}$$

Die Ermittlung erfolgt zweckmäßig graphisch auf einem der oben angeführten Wege. Sie repräsentiert, wie aus Abb. 3.8 ersichtlich, den kleinsten Gehalt, für den die Untergrenze des Toleranzbereiches nach (3.52) y_c ist bzw. der mit der Wahrscheinlichkeit $(1 - \gamma/2)$ Signalwerte $y \geq y_c$ liefert. Der kritische Wert y_c bildet daher die Obergrenze des zugehörigen Toleranzbereiches. Alle diese Aussagen sind mit dem Irrtumsrisiko α verbunden.

Zur Gestaltung des Kalibrierexperiments empfehlen LUTHARDT et al. [1987] als Kompromiss zwischen zuverlässiger Schätzung der Kalibriergeraden und Linearitätsprüfung, die Kalibrierproben etwa äquidistant im interessierenden Gehaltsbereich anzuordnen, die Anzahl r_i der Wiederholungsbestimmungen an den Enden des Kalibrierbereiches aber zu erhöhen. Eine zusätzliche Möglichkeit neben der Regressionsrechnung, die Verfahrensvarianz zuverlässig zu schätzen, bieten Wiederholungsbestimmungen bei verschiedenen Gehalten (siehe z. B. DOERFFEL [1990], S. 28).

Die Ableitung der Kenngrößen aus den simultanen Toleranzbereichen zur Kalibriergeraden zeigt auch quantitativ die Grenzen auf, die der Verbesserung des Nachweisvermögens durch Erhöhung der Anzahl N der Wiederholungsbestimmungen an den unbekannten Proben – abgesehen von den in Abschn. 2.3 und Abschn. 3.2.1 diskutierten praktischen Problemen – gegeben sind. Dadurch, dass mit Annäherung an den Blindwert die Varianz steigt und die Empfindlichkeit abnimmt, wird die Umkehraufgabe unlösbar, weil es zu ein- oder zweiseitig unbestimmten Intervallaussagen kommt, d. h. x^u und/oder x^{ob}, die Grenzen des Intervalls $I_{x_{y,\alpha}}$, liegen im Unendlichen, wie Abb. 3.9 zeigt.

In manchen Fällen gelingt die Intervallschätzung noch durch Erhöhen der Risiken α und β, doch werden die Aussagen ähnlich unsicher, wenn diese Risiken 10% deutlich übersteigen.

Generell bestimmt der Quotient σ/b Qualität und Anwendungsbereich des Verfahrens. Die Kenngrößen ergeben sich daraus unter Bedingungen, die nach praktischen Bedürfnissen ausgewählt werden. Ihre Aussagekraft bzw. Zuverlässigkeit hängt vom zugrunde gelegten Modell ab. Die Schätzung aus dem Kalibrierexperiment über die Toleranzintervalle der Kalibriergeraden in der oben beschriebenen Weise **kann** zu einem Gewinn an attestiertem Nachweisvermögen im Vergleich zu den anderen angegebenen Schätzvarianten führen. Beispielsweise liegt die Erfassungsgrenze danach um weniger als dem Faktor 2 oberhalb der KAISERschen Nachweisgrenze. Prinzipiell ist auch die Ermittlung

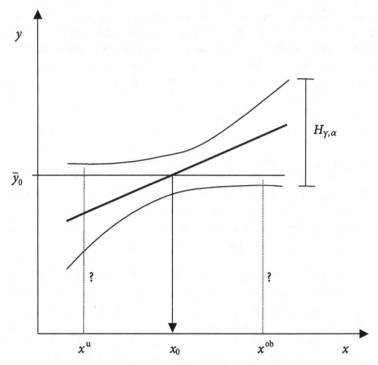

Abb. 3.9. Unlösbarkeit der Umkehraufgabe in der Nähe des Blindwertes (nach Luthardt et al. [1987])

des Blindwertes als Ordinatenabschnitt der Kalibriergeraden zuverlässiger als die gesonderte experimentelle Ermittlung, weil unerwartete Störeinflüsse mit erfasst werden. Zur Modellverifizierung wird empfohlen, $\widehat{a}$ mit und ohne Einbeziehung der Blindprobe ($x = $ „0") in das Kalibrierexperiment zu ermitteln und die Ergebnisse miteinander und mit dem gesondert bestimmten $\bar{y}_{BL}$ zu vergleichen.

Hillebrand [1997] schlägt insofern eine Vereinfachung des Arbeitsaufwandes vor, als für die Ermittlung von Prognosebereichen für die zu bestimmenden Gehalte und damit für die Schätzung der Kennwerte ausgegangen wird von dem durch ungewichtete lineare Regression ermittelten Vertrauensbande um die Kalibriergerade ohne „statistische Umkehrung" (siehe Abschn. 3.2.5). Für Einfachbestimmung der m Kalibrierproben führt dies zu der Beziehung

$$\Delta x = \pm \frac{s_y t_{\alpha,N-2}}{b} \sqrt{\frac{(x_i - \bar{x})^2}{\sum\limits_{i=1}^{m} (x_i - \bar{x})^2}} \; . \tag{3.55}$$

Er weist allerdings darauf hin, dass der kleinste im Rahmen der gewählten statistischen Sicherheit zu bestimmende Gehalt x oberhalb des kleinsten und unterhalb des höchsten Kalibriergehaltes ($x_1 \leq x \leq x_N$) liegen muss, obwohl sich die Grenzen des Prognoseintervalls außerhalb des Kalibrierbereiches $x_1 \ldots x_N$ befinden.

3.3.4
Gewichtete lokale Toleranzintervalle

Detaillierte Untersuchungen zum Einfluss einiger Modellverfeinerungen auf die ermittelten Kenngrößen haben ZORN et al. [1997, 1999] für die gaschromatographische Analyse von 16 polychlorierten Biphenylen (PCB) veröffentlicht. Die Kenngrößen y_c, x_{NG} und x_{EG} werden dabei, wenn auch mit anderen Symbolen bezeichnet, im hier verwendeten Sinne unter Bezugnahme auf HUBAUX und VOS [1970] und CURRIE [1995] interpretiert.

Als *Quantifizierungsgrenze* wird ein aus dem Signal an der Bestimmungsgrenze x_{BG} abgeleitetes „*Alternatives Minimalniveau*" (*Alternative Minimal Level, AML*) angegeben, das einen oberen Grenzwert für die nach der Beziehung[13]

$$x_{BG} = \frac{10 s_{y_{BL}} - a}{b} \qquad (3.56)$$

ermittelte Bestimmungsgrenze für künftige Analysen darstellt.

Die Modellpräzisierung besteht einmal darin, alternativ zur üblichen Verfahrensweise nicht nur Prognoseintervalle, sondern zusätzlich lokale Toleranzintervalle (Abschn. 3.3.2 und 4.2), jeweils ohne Berücksichtigung der „Umkehrproblematik" (Abschn. 3.2.5), bei der Schätzung zu berücksichtigen. Zur Begründung wird angeführt, dass exakterweise das Prognoseintervall mit der Wahrscheinlichkeit $(1 - \alpha) \cdot 100\%$ nur den nächsten Wert zu einem vorgegebenen Gehalt einschließt, das Toleranzintervall jedoch mit der gleichen Wahrscheinlichkeit ($P \cdot 100$)% der Grundgesamtheit aller zu erwartenden Messwerte.

Außerdem wird der (wiederholt nachgewiesenen) Abhängigkeit der Signalvarianz vom Gehalt (Heteroskedastizität) durch Anwendung der gewichteten linearen Regression (GLR) bei Auswertung des Kalibrierexperiments Rechnung getragen (siehe auch Abschn. 5.1.3), und die Kenngrößen werden iterativ aus gewichteten Konfidenz- bzw. Toleranzintervallen geschätzt. Zur Modellierung der Varianzfunktion $s_y^2(y)$ werden beim Kalibrieren acht Kalibrierproben je siebenmal analysiert und den Ergebnissen eine Modellfunktion angepasst (lineares, quadratisches, Exponential- oder Zweistufen-Modell), woraus die Gewichte $w_{BL}, w_{EG}, w_{BG}(w_i = 1/s_i^2)$ iterativ ermittelt werden.

Folgende Formeln wurden für die Kenngrößen abgeleitet

A. Auf der Basis des Prognoseintervalls:

$$y_c^{(Pr)} = a_w + s_w t_{1-\alpha, n-p-2} \sqrt{\frac{1}{w_{BL}} + \frac{1}{\sum w_i} + \frac{\bar{x}_w^2}{S_{xx_w}}} \qquad (3.57)$$

---

[13] Diese Beziehung wurde für blindwertkorrigierte Messwerte abgeleitet

α Irrtumsrisiko bei einseitiger Fragestellung,
p Anzahl der Modellparameter der Varianzfunktion,

$$x_{NG}^{(Pr)} = \frac{s_w t_{1-\alpha,n-p-2}}{b_w}\sqrt{\frac{1}{w_{BL}} + \frac{1}{\sum w_i} + \frac{\bar{x}^2}{S_{xx_w}}}, \tag{3.58}$$

$$x_{EG}^{(Pr)} = x_{NG} + \frac{s_w t_{1-\beta,n-p-2}}{b_w}\sqrt{\frac{1}{w_{EG}} + \frac{1}{\sum w_i} + \frac{\bar{x}^2}{S_{xx_w}}}, \tag{3.59}$$

$$AML^{(Pr)} = x_{BG} + \frac{s_w t_{1-\beta,n-p-2}}{b_w}\sqrt{\frac{1}{w_{BG}} + \frac{1}{\sum w_i} + \frac{\bar{x}^2}{S_{xx_w}}}. \tag{3.60}$$

B. Auf der Basis des Toleranzintervalls:

$$y_c^{(T)} = a_w + s_w\left(t_{1-\alpha,n-2}\sqrt{\frac{1}{\sum w_i} + \frac{\bar{x}_w^2}{S_{xx_w}}} + \sqrt{\frac{1}{w_0}} \cdot u(P)\sqrt{\frac{n-p-2}{\alpha_{\chi^2_{n-p-2}}}}\right), \tag{3.61}$$

$$x_{NG}^{(T)} = \frac{s_w}{b_w}\left(t_{1-\alpha,n-2}\sqrt{\frac{1}{\sum w_i} + \frac{\bar{x}_w^2}{S_{xx_w}}} + \sqrt{\frac{1}{w_0}} \cdot u(P)\sqrt{\frac{n-p-2}{\alpha_{\chi^2_{n-p-2}}}}\right), \tag{3.62}$$

$$x_{EG}^{(T)} = x_{NG} + \frac{s_w}{b_w}\left(t_{1-\beta,n-2}\sqrt{\frac{1}{\sum w_i} + \frac{(x_{EG} - \bar{x}_w)^2}{S_{xx_w}}}\right.$$
$$\left. + \sqrt{\frac{1}{w_{x_{EG}}}} \cdot u(P)\sqrt{\frac{n-p-2}{\beta_{\chi^2_{n-p-2}}}}\right), \tag{3.63}$$

$\alpha_{\chi^2_{n-p-2}}, \beta_{\chi^2_{n-p-2}}$ Quantile der χ^2-Verteilung mit $n-p-2$ Freiheitsgraden für den Fehler 1. bzw. 2. Art

$$AML^{(T)} = x_{BG} + \frac{s_w}{b_w}\left(t_{1-\beta,n-2}\sqrt{\frac{1}{\sum w_i} + \frac{(x_{BG} - \bar{x}_w)^2}{S_{xx_w}}}\right.$$
$$\left. + \sqrt{\frac{1}{w_{x_{EG}}}} \cdot u(P)\sqrt{\frac{n-p-2}{\beta_{\chi^2_{n-p-2}}}}\right). \tag{3.64}$$

Die Studie zeigt neben der zu erwartenden Verschiebung der Grenzwerte zu höheren Gehalten bei ihrer Ermittlung auf der Basis der Toleranzintervalle, dass die Heteroskedastizität nicht vernachlässigt werden darf. Durch Anwendung der nichtlinearen Regression zur Auswertung des Kalibrierexperiments werden zwar die Kalibrationsparameter $\widehat{a}$ und $\widehat{b}$ nur wenig beeinflusst, die deutliche Verringerung der Reststandardabweichung führt aber zur Absenkung der Grenzwerte um Faktoren zwischen 3 und 60.

Die Verwendung der ungewichteten Regression mit einer konstanten Standardabweichung bewirkt deutliche Verfälschungen der Kenngrößen. Deren Grad hängt ab vom Gehalt, bei dem die Standardabweichung ermittelt wurde, relativ zu den Grenzgehalten.

Allerdings dürfen beobachtete Unterschiede innerhalb der getesteten PCB-Verbindungen nicht übersehen werden, die hinsichtlich der Varianzfunktion noch ausgeprägter sind. Zwar ließ sich die experimentell gefundene Abhängigkeit der Standardabweichung vom Gehalt in allen Fällen am besten durch ein Polynom 2. Grades ($s_x = a + bx + cx^2$) beschreiben, jedoch liefert das Modell nicht immer optimale Ergebnisse. Die Autoren kommen deshalb zu dem Schluss, dass selbst für einander vergleichsweise ähnliche Analyten kein Modell in gleicher Weise für alle geeignet ist und demzufolge der Analytiker, wenn es um Feinheiten geht, stets eigenständig erproben, vergleichen und auswählen muss.

Angesichts dieser Situation suchten ZORN et al. [1999] nach Möglichkeiten, den experimentellen und auswertetechnischen Aufwand bei der Kenngrößenermittlung in der Praxis durch Näherungslösungen zu minimieren. Die Vereinfachungen bestehen vor allem in der Vernachlässigung der Unsicherheit (und damit „automatisch" auch des Umkehrproblems) der Kalibrierfunktion, deren Parameter a' und b' mittels ungewichteter linearer Regression ermittelt werden. Damit ergeben sich für die Kenngrößen auf der Basis von Prognoseintervallen folgende Beziehungen

$$y_c^{(\mathrm{Pr})} = a + s_{y_{\mathrm{BL}}} t_{1-\alpha,n-p-2}\sqrt{1 + \frac{1}{n}}\,, \tag{3.65}$$

$$x_{\mathrm{NG}}^{(\mathrm{Pr})} = \frac{s_{y_{\mathrm{BL}}} t_{1-\alpha,n-p-2}}{b}\sqrt{1 + \frac{1}{n}}\,, \tag{3.66}$$

$$x_{\mathrm{EG}}^{(\mathrm{Pr})} = x_{\mathrm{NG}}^{(\mathrm{Pr})} + \frac{s_{y_{\mathrm{EG}}} t_{1-\beta,n-p-2}}{b}\sqrt{1 + \frac{1}{n}}\,, \tag{3.67}$$

$$\mathrm{AML}^{(\mathrm{Pr})} = x_{\mathrm{BG}}^{(\mathrm{Pr})} + \frac{s_{y_{\mathrm{BG}}} t_{1-\beta,n-p-2}}{b}\sqrt{1 + \frac{1}{n}}\,. \tag{3.68}$$

Dabei ist x_{BG} wie im Falle der exakten Lösung definiert, $s_{y_{\mathrm{BL}}}, s_{y_{\mathrm{EG}}}$ und $s_{y_{\mathrm{BG}}}$ werden der mit dem quadratischen Modell angenäherten Varianzfunktion entnommen, wobei auf Möglichkeiten zur rationellen Ermittlung der experimentellen Daten (Messwertvarianz bei unterschiedlichen Gehalten) im Routinebetrieb hingewiesen wird.

Für die Kenngrößen auf Basis der Toleranzgrenzen gilt

$$y_c^{(T)} = a + K_{1-\alpha,P,n} s_{y_{\mathrm{BL}}}\,, \tag{3.69}$$

$$x_{\mathrm{NG}}^{(T)} = \frac{K_{1-\alpha,P,n} s_{y_{\mathrm{BL}}}}{b}\,, \tag{3.70}$$

$$x_{EG}^{(T)} = x_{NG}^{(T)} + \frac{K_{1-\beta,P,n}s_{yEG}}{b} ,\tag{3.71}$$

$$AML^{(T)} = x_{BG}^{(T)} + \frac{K_{1-\beta,P,n}s_{yBG}}{b} .\tag{3.72}$$

In den meisten Fällen veränderten sich die Werte der Kenngrößen bei Auswertung dieser Näherungen, (3.65) bis (3.72), gegenüber den exakten Lösungen, (3.58) bis (3.64), um weniger als 20 bis 30%. Allerdings zeigten fünf von den untersuchten 16 PCB-Verbindungen signifikante Abweichungen vom linearen Kalibrationsmodell und wurden daher eliminiert. Bei Einsetzen einer konstanten Standardabweichung in die aufgeführten Gleichungen werden die Kennwerte unabhängig von der verwendeten Näherung meist stark verfälscht, und zwar abhängig vom Gehalt, bei dem die Standardabweichung ermittelt wurde.

Eine Näherung, die vom gleichen Ansatz ausgeht, jedoch zusätzlich die Unsicherheit in den Konzentrationsangaben berücksichtigt (z. B. den Zertifikaten von Referenzmaterialien), erprobten DEL Río Bocio et al. [2003]. Die Kenngrößen wurden über Prognoseintervalle nach vorangegangener Auswertung der Kalibrierdaten mittels bilinearer Regression (BLS) ermittelt, und zwar unter Berücksichtigung der Gehaltsabhängigkeit der Varianz in beiden Richtungen.

Über Matrixinversion erhält man die Größe

$$s_{BLS}^2 = \frac{1}{n-2} \sum_{i=1}^{n} \frac{(y_i - \widehat{y})^2}{x_i} \tag{3.73}$$

Kritischer Messwert y_c und Erfassungsgrenze x_{EG} ergeben sich mit $w_i = s_{y_i}^2 + b^2 s_x^2 - 2b \cdot cov(x_i, y_i)$ nach den Beziehungen

$$y_c = a_{BLS} + s_{BLS}t_{1-\alpha,n-2}\sqrt{\frac{w_0}{m} + \frac{1}{\sum_{i=1}^{n} \frac{1}{w_i}} + \frac{\bar{x}_{BLS}^2}{\sum_{i=1}^{n} \frac{(x_i-\bar{x}_{BLS})^2}{w_i}}} \tag{3.74}$$

$$x_{EG} = \frac{s_{BLS}t_{1-\alpha,n-2}}{b_{BLS}}\sqrt{\frac{w_0}{m} + \frac{1}{\sum_{i=1}^{n} \frac{1}{w_i}} + \frac{\bar{x}_{BLS}^2}{\sum_{i=1}^{n} \frac{(x_i-\bar{x}_{BLS})^2}{w_i}}}$$

$$+ \frac{s_{BLS}t_{1-\beta,n-2}}{b_{BLS}}\sqrt{\frac{w_0}{m} + \frac{1}{\sum_{i=1}^{n} \frac{1}{w_i}} + \frac{(x_{EG} - \bar{x}_{BLS})^2}{\sum_{i=1}^{n} \frac{(x_i-\bar{x}_{BLS})^2}{w_i}}} \tag{3.75}$$

wobei w_0 das Gewicht der Blindwertstandardabweichung ist und $\bar{x}_{BLS} = \sum_{i=1}^{n} \frac{x_i}{w_i} / \sum_{i=1}^{n} \frac{1}{w_i}$.

Getestet wurden diese Beziehungen am Beispiel der Bestimmung von neun Elementen in geologischen Referenzmaterialien mittels Röntgenfluoreszenzspektrometrie und der Bestimmung von drei Anionen mittels Kapillarelektrophorese in Wasserproben, die aus NIST[14]-Referenzlösungen hergestellt wurden. Die Validierung erfolgte mittels Monte-Carlo-Simulation für verschiedene Modelle von Varianzfunktionen unter Annahme der Normalverteilung für beide Variable, x und y.

Vergleiche der Erfassungsgrenzen, die sich bei Auswertung des Kalibrierexperiments mittels linearer ungewichteter, gewichteter und bilinearer Regression ergeben, zeigen, dass durch Berücksichtigung der Fehler auf der x-Achse die Aufweitung der Prognoseintervalle nahe dem Blindwert reduziert wird und damit die Werte für die Kenngrößen niedriger ausfallen, insbesondere gegenüber den Werten, die mit der ungewichteten linearen Regression erhalten werden. Allerdings treten Abweichungen von dieser Regel auf, wenn die verschiedenen Regressionsvarianten zu unterschiedlichen Schätzungen der Kalibrationskoeffizienten a und b führen, also die Lage der Kalibriergeraden verändert wird und damit die gewählte Modellfunktion die Veränderung der Varianz mit dem Gehalt nur unzureichend wiedergibt.

Ist die Unsicherheit der Gehaltsangaben deutlich größer als die Messunsicherheit, erhält man mit der inversen gewichteten linearen Regression ähnlich Werte für die Kenngrößen wie mit der bilinearen Regression. Am besten bewährt sich die bilineare Variante, wenn die Unsicherheiten von x und y in der gleichen Größenordnung liegen. Es gibt also auch in diesem Fall keine generelle Empfehlung, die bestmögliche Verfahrensweise kann nur im konkreten Fall nach Analyse der Datenstruktur ausgewählt werden.

3.4
Ermittlung der Kenngrößen aus dem Signal-Rausch-Verhältnis

Das *Signal-Rausch-Verhältnis* (Symbol S/R) ist eine Größe, die mit der zunehmenden Geräteausstattung der analytischen Chemie auf dem Wege von der chemischen Analyse zur instrumentellen Analytik schrittweise immer mehr Bedeutung erlangte. Sowohl in der Signaltheorie als auch in der Gerätetechnik ist das Signal-Rausch-Verhältnis eine wichtige Leistungsgröße, die sowohl zur Charakterisierung der Präzision als auch des „Signalnachweisvermögens" von Mess- und Detektionsverfahren dient.

In diesen beiden Eigenschaften ist das Signal-Rausch-Verhältnis eine wichtige Optimierungsgröße für wissenschaftlich-technische Messsysteme.

3.4.1
Definitionen des Signal-Rausch-Verhältnisses

Das Signal-Rausch-Verhältnis charakterisiert Messsysteme und damit auch registrierte Signale bzw. Signalfunktionen hinsichtlich ihrer Qualität, insbe-

---

[14] NIST: National Institute of Standards and Technology, USA

sondere der Signalpräzision und -nachweisbarkeit in Bezug auf die systembedingten Fluktuationen, die Rauschen genannt werden. Das Rauschen ist eine zufällig schwankende Funktion der Zeit $r(t)$, von der angenommen wird, dass sie einem zeitabhängig registrierten Signal $y(t)$ additiv überlagert ist, wie in Abb. 3.10 schematisch dargestellt.

Das Rauschen wird charakterisiert durch folgende Größen:

- das Zeitmittel (linearer Mittelwert) $\overline{r(t)}$; im Idealfall ist $\overline{r(t)} = 0$; für den Fall, dass ein Untergrundwert $\bar{y}_B \neq 0$ vorhanden ist, gilt $\overline{r(t)} = \bar{y}_B$
- die Rauschamplitude (Peak-zu-Peak-Abstand) $R_{pp} = r_{max}(t) - r_{min}(t)$; wenn $r_{max}(t) - r_{min}(t)$ nicht direkt zur Verfügung steht, ist eine zufriedenstellende Näherung möglich nach $R_{pp} \approx 2\Delta\bar{y}_B$ (mit $P = 0{,}999$),
- die Varianz (quadratischer Mittelwert)[15] $\sigma_R^2 = \overline{r^2(t)}$ sowie
- die Standardabweichung σ_R, die aus dem Peak-zu-Peak-Abstand geschätzt werden kann, und zwar näherungsweise entsprechend $s_R \approx R_{pp}/5$ (DOERFFEL et al. [1990]), exakter nach $s_R \approx R_{pp}/\kappa$, wobei κ Tabellen zu entnehmen ist z. B. SACHS [1992], LIECK [1998])

Das *Signal-Rausch-Verhältnis* (SRV) wird in der Literatur in unterschiedlicher Weise definiert. Die für analytische Messsysteme relevanten Größen und ihre Beziehungen untereinander werden im Folgenden mit unterschiedlichen Symbolen wiedergegeben. Allgemein gilt SRV = Signalgröße/Rauschgröße, wobei stets Nettosignale betrachtet werden, also Signale, die inbezug auf einen eventuell vorliegenden Untergrund (Blindwert) korrigiert worden sind. Während sich die Signalgröße auf diese Weise eindeutig definieren lässt, werden für das Rauschen unterschiedliche Größen verwendet.

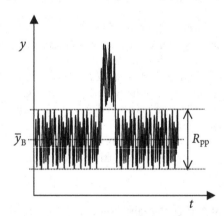

Abb. 3.10. Verrauschte Signalfunktion mit einer Basislinie (Untergrund, Blindwert) $\bar{y}_B$ und einer Rauschamplitude R_{pp} (Peak-zu-Peak-Rauschen)

---

[15] bei Verwendung zentrierter, also untergrundkorrigierter Signale $y_{net} = \bar{y}_A - \bar{y}_B$

Weit verbreitet ist die Definition des SRV unter Bezug auf die Standardabweichung des Rauschens

$$S/R = \frac{\bar{y}}{s_y} = \frac{1}{s_{y,\text{rel}}} \qquad (3.76a)$$

sowohl allgemein in der Messtechnik (WOSCHNI [1972], ZIESSOW [1973]), als auch in der Analytik (OTTO [1995], SKOOG und LEARY [1996], DANZER et al. [2001]). Nähere Betrachtungen dazu, insbesondere zur Ermittlung der Standardabweichung, finden sich bei VOIGTMAN [1997]. In der durch (3.76a) angegebenen Form ist das SRV identisch mit dem von KAISER und SPECKER [1956] empfohlenen Ausdruck $\Gamma = x/s_x = y/s_y$ für die Genauigkeit von Analysenergebnissen.

Unter Beachtung der oben geforderten Untergrund- (Basislinien-) korrektur geht (3.76a) über in

$$S/R = \frac{\bar{y}_{\text{net}}}{s_{y_{\text{net}}}} = \frac{\bar{y}_A - \bar{y}_B}{s_{y_{\text{net}}}} \qquad (3.76b)$$

entsprechend $S/R = 1/s_{y_{\text{net,rel}}}$, wobei $\bar{y}_A$ das Analysensignal darstellt.

Die Standardabweichung $s_{y_{\text{net}}}$ der Differenz $\bar{y}_{\text{net}} = \bar{y}_A - \bar{y}_B$ kann im Falle von n_A-facher Messung[16] des Wertes y_A sowie von n_B-facher Messung von Blindwerten (Basislinienwerten) y_B wie folgt aus den individuellen Standardabweichungen s_{y_A} und s_{y_B} geschätzt werden (SHARAF et al. [1986]):

$$
\begin{aligned}
s_{y_{\text{net}}} &= \sqrt{\frac{(n_A - 1)s_{y_A}^2 + (n_B - 1)s_{y_B}^2}{n_A + n_B - 2}\left(\frac{1}{n_A} + \frac{1}{n_B}\right)} \\
&= \sqrt{\frac{(n_A - 1)s_{y_A}^2 + (n_B - 1)s_{y_B}^2}{n_A + n_B - 2}\left(\frac{n_A + n_B}{n_A \cdot n_B}\right)}, \qquad (3.77)
\end{aligned}
$$

vorausgesetzt, diese unterscheiden sich nicht signifikant voneinander. Bei gleicher Anzahl von Messungen zur Bestimmung von y_A und y_B, also $n_A = n_B = n$, sowie $s_{y_A} = s_{y_B}$ vereinfacht sich (3.77) zu

$$s_{y_{\text{net}}} = s_{y_B}\sqrt{\frac{2}{n}}. \qquad (3.78)$$

Eine andere Definition des SRV, hier mit dem Symbol $snr(y)$ zur Unterscheidung von (3.76a) und (3.76b) bezeichnet, geht von der Rauschamplitude aus und wird in zunehmenden Maße gebräuchlicher in der Analytik (BOUMANS und DE BOER [1972], DOERFFEL et al. [1981, 1990], LIECK [1998], CAMMANN [2001])

$$snr(\bar{y}) = \frac{\bar{y}_{\text{net}}}{R_{pp}} = \frac{\bar{y}_A - \bar{y}_B}{R_{pp}} \approx \frac{\bar{y}_A - \bar{y}_B}{2(\Delta\bar{y}_B)_{0,999}}. \qquad (3.79)$$

---

[16] Im Abschn. 3.4 wird wegen der Verwechslungsgefahr mit Rauschgrößen die Anzahl der Wiederholungsmessungen zur Bestimmung von y_A als $n_A (= N)$ bezeichnet

Das Nettosignal $\bar{y}_{net} = \bar{y}_A - \bar{y}_B$ wird dabei auf das Peak-zu-Peak-Rauschen, das näherungsweise dem 99,9%-Vertrauensbereich des Rauschens entspricht, bezogen. Da es sich auch im Falle des SRV um basislinienkorrigierte Signalgrößen handeln sollte (wodurch sich die Standardabweichung im Nenner um den Faktor $\sqrt{2/n}$ ändert), können sich die in den (3.76a) und (3.79) definierten Größen beträchtlich unterscheiden, nämlich entsprechend

$$S/R = \left(5\sqrt{\frac{n}{2}}\right) snr(y) = \left(3{,}536\sqrt{n}\right) snr(y)$$

bzw.

$$snr(y) = \left(\frac{1}{5}\sqrt{\frac{2}{n}}\right) S/R = \left(\frac{0{,}2828}{\sqrt{n}}\right) S/R$$

Zur Definition der Nachweis- und Erfassungsgrenze und zur Optimierung der Nachweisstärke von Messsystemen wird das SRV bereits seit den sechziger Jahren herangezogen. Bahnbrechend waren zunächst Arbeiten auf dem Gebiet der Atomspektroskopie, während heute auch die Chromatographie eine Domäne der Anwendung des SRV zur Kenngrößenermittlung ist.

3.4.2
Optimierung analytischer Messsysteme

Für die Entwicklung von Analysenverfahren und die Optimierung von Messsystemen spielen detaillierte Informationen über den Einfluss von Geräteparametern auf relevante Kenngrößen eine große Rolle. Die zur Optimierung einer speziellen Messanordnung charakteristische Kenngröße, z. B. der kritische Messwert y_c, unterscheidet sich gegebenenfalls von den bisher behandelten insofern, als sie sich nicht auf ein „vollständiges Analysenverfahren" im Sinne der KAISERschen Definition bezieht, sondern nur auf einen Teil desselben, z. B. eine spektroskopische Lichtquelle oder ein bestimmtes Detektionssystem.

Für die Ableitung von Zusammenhängen zwischen apparativen Parametern und der erfassbaren kleinsten Analytmenge benutzten WINEFORDNER und Mitarbeiter (WINEFORDNER et al. [1964, 1967], ST. JOHN et al. [1966, 1967]) das Signal-Rausch-Verhältnis, das sie entsprechend (3.76b) definierten.

Das kritische SRV leiteten ST. JOHN et al. [1966, 1967] ab aus dem kritischen t-Wert des Mittelwertvergleichs zwischen Signal- und Untergrundwerten

$$(S/R)_c = t_{1-\alpha,\nu} = \frac{y_c - \bar{y}_B}{s_B\sqrt{2/n}} \, , \tag{3.80}$$

wobei von paarweisen Messungen des Signals und des benachbarten Untergrundes ausgegangen wurde ($n_A = n_B = n$). Dazu wurden Tabellenwerte für das kritische SRV $(S/R)_c$ angegeben (ST. JOHN et al. [1967]). Außerdem wurde die Kompatibilität des SRV-Konzeptes mit dem KAISERschen gezeigt. Aus (3.80) erhält man nämlich direkt

$$y_c = \bar{y}_B + t_{1-\alpha,\nu}s_B\sqrt{2/n} \,\widehat{=}\, \bar{y}_B + ks_B \tag{3.81}$$

und für $k = 3$ lässt sich $(S/R)_c = 3$ ableiten (WINEFORDNER et al. [1993]). Hintergrund der Arbeiten von WINEFORDNER und Mitarbeitern (WINEFORDNER et al. [1964, 1967], STEVENSON et al. [1991, 1992]) zum SRV war die Ermittlung einer „absoluten Nachweisgrenze" durch eine Untersuchung aller wesentlichen Einflussparameter auf die Nachweiseffizienz und deren Optimierung im Hinblick auf höchste Nachweisstärke bis hin zum „Einzelatom-Nachweis" (SAD, Single Atom Detection). Ausgehend von der Flammenemissionsspektrometrie führten die Autoren gleichgerichtete Untersuchungen durch für die Atomabsorptions- und -fluoreszenzspektrometrie, speziell mit Laseranregung, jedoch auch mit ETA (elektrothermischer Atomisierung) bzw. Glimmentladungsanregung. Auch die Massenspektrometrie wurde in die Studien einbezogen (WINEFORDNER et al. [1993]).

Das Rauschen wird dabei seinen physikalischen Ursachen entsprechend zerlegt. Im Falle der Flammen-Atomfluoreszenzspektrometrie wird z. B. abgeleitet

$$\bar{R}_T = \sqrt{\bar{R}_P^2 + \bar{R}_B^2 + \bar{R}_R^2 + \bar{R}_A^2} \tag{3.82}$$

wobei $\bar{R}_T = \overline{\Delta i}_T$ der Gesamtrauschstrom ist, ausgedrückt in Ampere, der sich zusammensetzt aus dem (Schrot-) Rauschen der Photozelle $\bar{R}_P$, dem Flickerrauschen des Flammenuntergrundes $\bar{R}_B$, dem Flickerrauschen der Reflektions- und RAYLEIGHstreuung $\bar{R}_R$, die durch feinverteilte Wassertröpfchen in der Flamme hervorgerufen wird, und aus dem Verstärkerrauschen $\bar{R}_A$. Jeder dieser Rauschanteile wird weiter in seiner Zusammensetzung aus physikalischen Größen, geometrischen Faktoren und Messgrößen charakterisiert, ebenso wie das Fluoreszenzsignal

$$S_F = m \cdot U \cdot k_M \cdot W \cdot I_F \tag{3.83}$$

mit $S_F = i_F$ (in Ampere), m Strahlungsverlustfaktor bei Verwendung eines Choppers, U Spaltbreitenkorrektur, k_M Eintrittsfaktor des Monochromators, W effektive Spaltbreite und I_F integraler Intensität des Fluoreszenzsignals. Auch diese Größen lassen sich jeweils wieder durch physikalische und geometrische Faktoren detaillierter charakterisieren, so dass schließlich relativ komplizierte Ausdrücke für das Signal-Rausch-Verhältnis erhalten werden können, aus denen das kritische SRV und damit die kleinste Atomkonzentration im Flammgas abgeschätzt werden kann, die ein nachweisbares, d. h. sicher vom Rauschen unterscheidbares Fluoreszenzsignal erzeugt. Neben den angeführten Rauschkomponenten spielt für die Nachweisbarkeit auch die Messeffizienz ε_m (Nutzleistung bzw. Wirkungsgrad) eine Rolle. Diese stellt sich dar als Produkt von Teileffizienzen, die den Verdampfungsgrad ε_v des Analyten, den Atomisierungs- bzw. Ionisierungsgrad $\varepsilon_{a,i}$, den Überführungsgrad ε_t der Atome bzw. Ionen in das Detektorsystem (Transfereffizienz), den räumlichen (ε_S) und zeitlichen (ε_T) Erfassungsanteil der Atome bzw. Ionen sowie die Detektionseffizienz ε_d charakterisieren

$$\varepsilon_m = \varepsilon_v \cdot \varepsilon_{a,i} \cdot \varepsilon_t \cdot \varepsilon_S \cdot \varepsilon_T \cdot \varepsilon_d . \tag{3.84}$$

Auf diesem Wege gelingt es, Abschätzungen der Kenngrößen anhand geräte-technischer und verfahrenstypischer Parameter vorzunehmen und Methoden zu vergleichen und zu optimieren.

Eine ähnliches Ziel verfolgte BOUMANS und Mitarbeiter (BOUMANS [1990, 1991, 1994], BOUMANS und DE BOER [1972]) mit dem sogenannten *SBR-RSDB*-Konzept (*SBR*: Signal Background Ratio, *RSDB*: Relative Standard Deviation of Background), das er ausführlich darstellte am Beispiel der ICP-OES (Optische Emissionsspektrometrie mit induktiv gekoppeltem Plasma).

Im Unterschied zu WINEFORDNER verzichtet BOUMANS auf die Modellie-rung der Signal- und Rauschgrößen mit Hilfe physikalischer und apparativer Parameter und bezieht stattdessen alle Signale und das Rauschen der Licht-quelle auf einen mittleren Untergrundwert y_B. Zur Berechnung seiner Nach-weiskenngrößen[17] y_L und x_{NG} geht BOUMANS [1991, 1994] aus von Nettosi-gnalen $y_{net} = y_A = y_{A+B} - y_B$ sowie einer Kalibrierfunktion $y_A = Sx$.

Für die Nachweisgröße ergibt sich mit $S = y_A/x_0$[18]

$$x_N = k\frac{s_B}{y_B}\frac{x_0}{y_A/y_B} \, . \tag{3.85a}$$

Dabei ist s_B die Standardabweichung des Blindwertes (des Untergrundes) y_B und x_0 der Gehalt, der bei der Kalibration das Signal y_A ergibt. Gleichung (3.85a) dient BOUMANS [1991] zur Ableitung seines *SBR-RSDB*-Konzepts

$$x_N = k \cdot 0{,}01 \cdot RSDB \cdot \frac{x_0}{SBR} \tag{3.85b}$$

wobei die relative Standardabweichung des Untergrundes *RSDB* in % ange-geben ist. Der Quotient x_0/SBR entspricht dem sogenannten Untergrund-Äquivalent-Gehalt (*BEC*: Background Equivalent Concentration)

$$x_N = k \cdot 0{,}01 \cdot RSDB \cdot BEC \, . \tag{3.85c}$$

Die Verwendung von *BEC* anstelle des Signal-Untergrund-Verhältnisses *SBR* hat den Vorteil, dass keine besonderen Annahmen für x_0 erforderlich sind. Andererseits ist das *SBR* die anschaulichere Größe und ebenso wie die *RSDB* leicht zu bestimmen. Beide Größen hängen in definierter und transparen-ter Weise mit instrumentellen Parametern zusammen und ermöglichen somit vergleichende Bewertungen verschiedener Gerätesysteme. Für die beiden fun-damentalen Größen gibt BOUMANS [1991, 1994] wesentliche Abhängigkeiten in den sogenannten *SBR*- und *RSDB*-Funktionen an.

---

[17] Hier als y_L anstelle von y_c bezeichnet, weil sich BOUMANS zwar auf das KAISERsche Konzept [1947] bezieht, aber bezüglich k variable Werte zulässt ($k = 2, 3, 2\sqrt{2}, 3\sqrt{2}$; jedoch nie $k = 6$); aus dem gleichen Grund wurde hier x_N anstelle von x_{NG} verwendet

[18] Anstelle von BOUMANS' Symbolen werden die im bisherigen eingeführten Symbole ver-wendet, das gilt insbesondere für x anstelle von c für die Gehaltsgrößen und y anstelle von x für die Signalgrößen (Messgrößen); (3.85a) lautet bei BOUMANS [1991, 1994] im Original $c_L = k \, (\sigma_B/x_B) \cdot c_0/(x_A/x_B)$

Die *SBR-Funktion* beschreibt die Abhängigkeit von instrumentellen Variablen der Lichtquelle und des Spektrometers (BOUMANS und VRAKKING [1987A, 1987B], BOUMANS [1989], LAQUA [1967, 1980]) in folgender Weise

$$SBR_{meas} = f_{opt}(PHW, BW) \cdot SBR_{source} . \tag{3.85}$$

SBR_{meas} ist das gemessene SRV, das sich ergibt aus dem ursprünglichen SRV der Lichtquelle, das modifiziert wird durch optische Faktoren, von denen die wesentlichsten die physikalischen Linienbreiten (*PHW*) und die spektrale Bandbreite (*BW*) des Spektrometers sind.

Die *RSDB-Funktion* setzt sich aus drei wesentlichen Rauschanteilen zusammen (BOUMANS et al. [1981], BOUMANS [1987, 1989], INGLE und CROUGH [1988]), ausgedrückt durch Koeffizienten des Flickerrauschens des Untergrundes α_B (hervorgerufen durch Lichtquelle und Zerstäuber), des Schrotrauschens der Photonen β und des Detektorrauschens γ

$$RSDB = \sqrt{\alpha_B^2 + \frac{\beta}{y_B} + \frac{\gamma}{y_B^2}} . \tag{3.86}$$

Durch die Messung der physikalischen Parameter können die Kenngrößen – hier im speziellen die Nachweisgrenze x_{NG} – im voraus berechnet werden, und zwar auf eine zuverlässigere und besser überschaubare Weise, als es die stärker zufallsbeeinflusste Schätzung der „Brutto-Untergrundschwankungen" s_B zulässt. Gleiches gilt selbstverständlich auch für das SRV-Konzept von WINEFORDNER. BOUMANS betont deshalb, dass beide Konzepte zwei Seiten einer Medaille sind, die ineinander überführbar sind, sich gegenseitig ergänzen und praktisch zum selben Ergebnis führen. Sie sollten jedoch nicht miteinander vermengt werden. Beide Konzepte lassen sich auch widerspruchsfrei in den KAISERschen Ansatz überführen bzw. aus diesem herleiten. BOUMANS' Konzept ist dadurch anwendungsfreundlicher, dass die Untergrundstrahlung der Lichtquelle als „natürliche" Referenzstrahlung verwendet wird und nicht, wie bei WINEFORDNER, eine Standard-Referenzquelle.

3.4.3
Charakterisierung dynamischer analytischer Messmethoden

Die „Arbeitspferde" in der Analytik sind heute chromatographische und spektrometrische Multispeziesmethoden wie Gaschromatographie, HPLC (Hochleistungs-Flüssigchromatographie), ICP-OES und ICP-MS (Optische Emissionsspektrometrie bzw. Massenspektrometrie mit induktiv gekoppeltem Plasma). Allen gemeinsam ist die kontinuierliche Signalaufzeichnung in Abhängigkeit von der Zeit. Zweidimensionale analytische Informationen werden in Form von Chromatogrammen bzw. Spektren dynamisch registriert und dabei im Gegensatz zur statischen Erfassung diskreter Messwerte in der Regel sehr viele Einzelmesswerte erhalten.

Die bei der Auswertung diskreter Messungen angewendeten Prinzipien, die der Ermittlung der Kenngrößen zugrunde liegen, lassen sich nicht ohne weiteres auf die kontinuierliche Messwertregistrierung übertragen. Dies wird in Abb. 3.11 verdeutlicht, die im Teil A die im Bisherigen ausführlich dargestellte Vorgehensweise der Blindwertmessung in einer etwas anderen Form zeigt. Die charakteristische Größe für die Berechnung der Kenngrößen ist zunächst der Vertrauensbereich der Blindwerte.

Demgegenüber lässt sich bei kontinuierlich registrierenden Verfahren (B) der maximale Rauschabstand $2\Delta \bar{y}_B \approx R_{pp}$, auch Peak-zu-Peak-Rauschabstand genannt[19], einfacher bestimmen als die Standardabweichung des Rauschens, s_{y_B}. Diese kann aus R_{pp} geschätzt werden, und zwar nach $R_{pp} \approx 5 s_{y_B}$ (siehe Abschn. 3.4.1).

Die auf der Basis des Signal-Rausch-Verhältnisses definierte **Nachweisgrenze** x_{NG} wird in der einschlägigen Literatur oft vage und unscharf definiert. Das ist selbst bei Validierungsrichtlinien der Fall (z. B. ICH TOPIC [1996]: *„A signal-to-noise ratio between 3 or 2 : 1 is generally considered acceptable for estimating the detection limit"*). Wenn man dazu noch in Rechnung stellt, dass zwischen verschieden definierten Signal-Rausch-Verhältnissen ((3.76b) und (3.79)) Unterschiede um den Faktor $5\sqrt{n/2}$ bestehen (siehe Abschn. 3.4.1), sind Harmonisierungen dringend erforderlich. Andererseits zeigen statistische Betrachtungen, dass bei den Messwertmengen, die für die Bestimmung sowohl des Rauschens (der Basislinie) als auch des Signals zur Verfügung stehen, schon der Faktor 2 zu groß gewählt sein kann (LIECK [1998], SHARAF et al. [1986]).

Für die Schätzung von Kenngrößen für die Nachweisbarkeit von Signalen wird im Allgemeinen ausgegangen von (3.76b). Der kritische Signalwert y_c, der

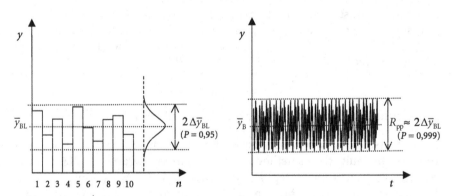

Abb. 3.11. Bestimmung von Blindwertstreuungen bei diskreten Blindwertmessungen (**A**) und bei kontinuierlicher Registrierung der Basislinie (**B**)

---

[19] Der Peak-zu-Peak-Rauschabstand R_{pp}, der alle Werte des Rauschens enthält, wird in der Praxis und auch hier angenähert durch den 99,9%-Vertrauensbereich des Rauschen

sich mit festgelegtem Irrtumsrisiko α vom Blindwert y_B unterscheiden lässt, kann mit Hilfe des t-Tests festgelegt werden zu

$$(S/R)_c = \frac{y_{net,c}}{s_{y_{net}}} = \frac{y_c - \bar{y}_B}{s_{y_{c,B}}} = t_{1-\alpha,\nu} , \qquad (3.87)$$

wobei die Standardabweichung $s_{y_{net}} = s_{y_{c,B}}$ im Falle von n_c-facher Messungen des Wertes y_c sowie von n_B-facher Messungen von Blindwerten (Basislinienwerten) y_B nach (3.77) bzw. (3.78) aus den individuellen Standardabweichungen s_c und s_B geschätzt werden kann (SHARAF et al. [1986]).

Bei der üblichen Schätzung der Kenngrößen aus dem Signal-Rausch-Verhältnis werden für $t_{1-\alpha,\nu}$ in (3.87) in der Regel Werte von 2 oder 3 eingesetzt (WINEFORDNER et al. [1964, 1967], SKOOG und LEARY [1996], ICH [1996]). Damit scheinen die Empfehlungen, S/R = 3 zu verwenden, im wesentlichen dem KAISERschen 3σ-Kriterium zu entsprechen. Tatsächlich tendieren sie jedoch zu schärferen Kriterien hin, wie aus dem Folgenden hervorgeht.

Wird in (3.87) die Schätzung (3.74) eingesetzt, ergibt sich für den kritischen Messwert

$$y_c = \bar{y}_B + t_{1-\alpha,\nu} s_B \sqrt{2/n} . \qquad (3.88)$$

Für jeweils $n = 10$ Blind- und Realwertmessungen erhält man bei einem Irrtumsrisiko von $\alpha = 0{,}05$ für das Signal-Rausch-Verhältnis des kritischen Wertes $(S/R)_c = t_{0,95;9} = 1{,}83$ und bei einem Irrtumsrisiko von $\alpha = 0{,}01$ ergibt sich $(S/R)_c = t_{0,99;9} = 2{,}82$.

Der gebräuchliche Wert $(S/R)_c = 3$ entspricht bei einer kleinen Anzahl von Messwerten ($n = 2...5$) einem Irrtumsrisiko von $\alpha = 0{,}05...0{,}02$ für den Fehler 1. Art (vgl. Abb. 3.12). Für $n \geq 6$ ist ein Signal-Rausch-Verhältnis von $S/R = 2$ ausreichend, wie es mit dem Begriff des „doppelten Rauschens" gelegentlich benutzt wird (LIECK [1998]).

In diesem Sinne wurden die aus dem SRV abgeleiteten Kenngrößen von WINEFORDNER et al. [1964, 1967] und BOUMANS [1990, 1991, 1994] in die Analytik eingeführt (siehe. Abschn. 3.4.2). Die Vorteile der Ermittlung der Kenngrößen aus dem SRV erwies sich jedoch erst bei der Anwendung auf kontinuierlich registrierende Verfahren wegen der leicht verfügbaren großen Menge an Rauschwerten. Mitunter gilt dies auch für die Signalwerte, abhängig von deren Charakter. Die Chromatographie spielte dabei eine exponierte Rolle, auch weil hier Mehrfachanalysen auf konventionellem Wege sehr zeitaufwendig sind.

Aber man läuft bei der Ermittlung der Kenngrößen allein aus dem „instrumentellen Rauschen", also ohne Mehrfachanalysen an echten Parallelproben und damit ohne Berücksichtigung des „chemischen Rauschens", Gefahr, die Grenzwerte zu optimistisch zu schätzen, so wie das auch beim konventionellen Vorgehen der Fall ist, wenn nur Wiederholungsmessungen und nicht vollständige Parallelanalysen durchgeführt werden (KAISER [1965], EHRLICH [1967]).

In der Regel kann davon ausgegangen werden, dass im Falle kontinuierlicher Messwertregistrierung $n_B = 100...1000$ Basislinienwerte für die Ermittlung des Signal-Rausch-Verhältnisses zur Verfügung stehen. Hier soll als Berechnungsgrundlage $n_B = 100$ angenommen werden. In Abb. 3.13 sind die Signal-Rausch-Verhältnisse, die für eine signifikante Unterscheidung eines Signals vom Rauschpegel (vom Basislinienrauschen) erforderlich und hinreichend sind, dargestellt. Je größer die Anzahl der einbezogenen relevanten Signalwerte, desto geringer ist der kritische Nettosignalwert, der sich signifikant vom Basislinienrauschen unterscheidet. Relevant bedeutet in diesem Zusammenhang, dass die Messwerte unabhängig voneinander sind, d. h. die Frequenz der Messwertaufnahme die Frequenz des Messsystems $\gamma = t_{Ges}/t_{Anspr}$ nicht überschreitet (t_{Ges} ist die Gesamtmesszeit, t_{Anspr} die Ansprechzeit des Messsystems, ASTM [1994], LIECK [1998]).

Letztere liegt bei modernen Analysengeräten im Millisekunden- bis Sekundenbereich, so dass bei Gesamtregistrierzeiten von einigen Minuten leicht 100 bis 1000 Basislinien- und Signalwerte gemessen werden können. Im Falle der Signalwerte hängt dies jedoch auch von der Signalcharakteristik, insbesondere der Signalform und -halbwertsbreite ab.

Die Berechnung der Standardabweichung des Basislinienrauschens erfolgte nach (3.78), die Standardabweichungen s_B und s_c wurden aus $\Delta \bar{y}_B / (t_{1-\alpha,\nu} \sqrt{n}) \approx$

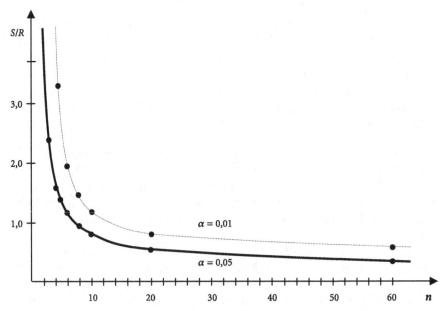

Abb. 3.12. Abhängigkeit des Signal-Rausch-Verhältnisses S/R von der Anzahl der Parallelbestimmungen n für Blind- und Messwerte, dargestellt für Irrtumsrisiken von $\alpha = 0{,}05$ bzw. $0{,}01$

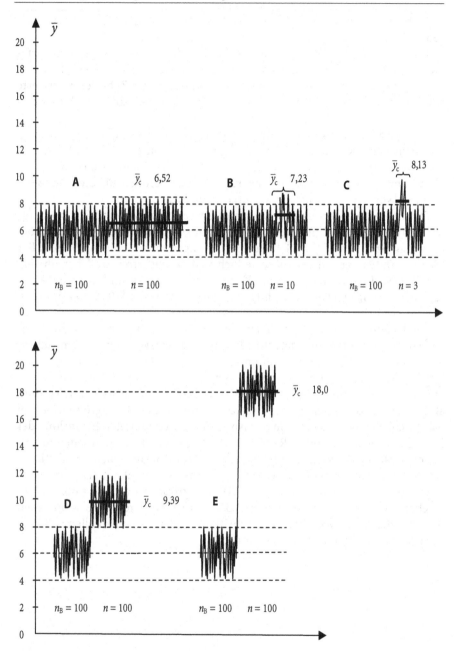

Abb. 3.13. Kritische Signalwerte, wenn das Basisrauschen stets mit 100 Werten bestimmt wird und der Signalwert mit $n = 100$ (**A**), $n = 10$ (**B**) und $n = 3$ (**C**) Werten. Zum Vergleich sind unten die kritischen Signalwerte nach den konventionellen Definitionen $S/R = 3$ (**D**) bzw. $snr(y) = 3$ (**E**) dargestellt

$R_{pp}/(2t_{1-\alpha,\nu}\sqrt{n})$ ermittelt. Für t wurde $1 - \alpha = 0{,}999$ und $\nu = 2n - 2$ zugrunde gelegt. Im Falle $s_B \neq s_c$ ist $\nu = n_B + n_c - 2$ (vgl. (3.78)).

Abbildung 3.13 zeigt, dass bei großen Blindwert- bzw. Basislinienwerte-mengen relativ geringe Unterschiede zwischen Basislinienmittelwert $\bar{y}_B$ und kritischem Wert $\bar{y}_c$ erforderlich sind. Mit abnehmender Zahl der Messwerte von $n = 100$ über $n = 10$ auf $n = 3$ erhöht sich jedoch die kritische Messwert-differenz $y_{net} = \bar{y}_c - \bar{y}_B$ von 0,52 über 1,23 auf 2,13.

Auf Grund der für kontinuierliche Signalregistrierung und damit Messwer-terfassung gültigen statistischen Bedingungen mit ihren großen Mengen an Blindwert- und teilweise auch Signalwertdaten sind sowohl das (S/R)-3σ-Kriterium als auch das snr-3σ-Kriterium als Kenngrößen für die Nachweis-und Erfassungsgrenze ungeeignet (LIECK [1998]).

Stattdessen wurde gezeigt, dass für diese Bedingungen ein SRV $\approx 0{,}5$ für den kritischen Nettosignalwert und die daraus folgende Nachweisgrenzenbe-rechnung bzw. von SRV ≈ 1 für die Erfassungsgrenze genügen können. Für kleinere Datenmengen lässt sich jedoch widerspruchsfrei die Überführung der SRV-Nachweiskriterien in die Kriterien von KAISER und anderen Auto-ren zeigen (WINEFORDNER et al. [1964, 1967], BOUMANS [1991, 1994], LIECK [1998]).

Die Gefahr, mit den aus SRV abgeleiteten Kenngrößen hauptsächlich in-strumentelles Rauschen (Detektorrauschen) zu erfassen und „chemisches" Rauschen, d. h. durch Probeninhomogenitäten und Probenbehandlungen im Verlaufe des gesamten analytischen Prozesses begründete Messwertschwan-kungen zu vernachlässigen, ist beim SRV-Konzept möglicherweise noch größer als bei den konventionellen Verfahren zur Ermittlung der Kenngrößen. Dessen sollte man sich bei der heute in der Analytik weit verbreiteten Ermittlung der Kenngrößen aus dem Signal-Rausch-Verhältnis deutlich bewusst sein und um-fassende Messwertunsicherheitskonzepte (ISO [1993]) nutzen, um realistische Gesamtunsicherheiten für das vollständige Analysenverfahren zu berücksich-tigen. Auch die gezielte Wahl eines SRV, das größer ist als aus Abb. 3.12 zu ersehen und stattdessen $S/R = 2$ oder 3 zu verwenden, stellt eine Möglichkeit dar, Unsicherheiten von Verfahrensschritten, die der instrumentellen Messung vorgelagert sind, mit zu berücksichtigen[20].

---

[20] Ähnlich wie KAISER mit seinem bewusst hoch gewählten Faktor $k = 3$ Unsicherheiten bezüglich der vorliegenden Blind- und Messwertverteilung sowie Varianzenhomogenität ausgleichen wollte (KAISER und SPECKER [1956] KAISER [1965, 1966])

4 Verfahrens- und Ergebnisbewertung nach DIN

Die Allgemeingültigkeit der Kenngrößen im Rahmen definierter Unsicherheitsbereiche ist nur für „vollständige" Verfahren und bei Erfüllung weiterer Voraussetzungen gewährleistet (siehe auch 2, 3 und 5.1). Zusammengefasst heißt das im allgemeinsten Fall:

- Alle Verfahrensschritte und Arbeitsbedingungen, von der Probenart und Probenahme bis zur Messdatenerfassung und -verarbeitung, müssen in der Vorschrift detailliert festgelegt und innerhalb einer angegebenen Schwankungsbreite reproduzierbar sein. Die Reproduzierbarkeit muss in allen Laboratorien ohne zeitliche Einschränkungen gewährleistet sein.
- Die dem Auswertemodell und damit den Kenngrößenangaben zugrundeliegenden Annahmen (z. B. Normalverteilung, Homoskedastizität, lineare Kalibrierfunktion) müssen zumindest näherungsweise erfüllt sein.
- Die Modellparameter müssen, z. B. durch eine vertretbare Anzahl von Wiederholversuchen, hinreichend exakt zu ermitteln und innerhalb der oben geforderten Reproduzierbarkeit stabil sein. Das Verfahren muss sich also „unter statistischer Kontrolle" befinden.

Da diese Voraussetzungen kaum jemals vollständig erfüllt sein können, muss man mit größeren als den kalkulierten Abweichungen rechnen. Deshalb ist es in solchen Fällen, in denen das Ergebnis der Analyse schwerwiegende Konsequenzen haben kann (z. B. beim Schadstoffnachweis im Rahmen von Umweltkontrollen oder in der Kriminalistik), erforderlich

- entweder durch Wahl eines sehr groben Modells und überhöhte statistische Sicherheit „auf die sichere Seite zu gelangen", wodurch man aber das Leistungsvermögen des Verfahrens nicht ausnutzt bzw. Informationen quasi verschenkt (die KAISERsche 3σ- bzw. 6σ-Grenze ist ein Ansatz in diese Richtung)
- oder feinere Modelle zur Verfahrenscharakterisierung für einen begrenzten Anwendungsbereich heranzuziehen, für den die oben angeführten Voraussetzungen einfacher zu erfüllen bzw. leichter zu überprüfen sind.

Ein Beispiel für die letztgenannte Vorgehensweise wäre die Ermittlung der Kenngrößen für ein bestimmtes Verfahren zur Produktkontrolle in einem Betriebslabor, wo die Anzahl der zu charakterisierenden Materialien begrenzt ist.

Innerhalb eines Labors lassen sich auch verbleibende Schwankungsursachen, die sich z. B. durch unterschiedliche Geräte, Bearbeiter und Chemikalien ergeben, einigermaßen vollständig randomisieren und als Messunsicherheiten erfassen sowie darüber hinaus Zeitabstände und Bedingungen für regelmäßige Validierungen festlegen. Diese Randbedingungen sind selbstverständlich bei Angabe der Kenngrößen anzugeben.

Entsprechende Überlegungen veranlassten den *„Arbeitsausschuss Chemische Technologie (AChT) im DIN Deutsches Institut für Normung e. V."* zur Erarbeitung von zwei Normen zur Ermittlung laborinterner bzw. laborübergreifend gültiger Kenngrößen:

(1) DIN 32645 [1994] *Nachweis-, Erfassungs- und Bestimmungsgrenze. Ermittlung unter Wiederholbedingungen. Begriffe, Verfahren, Auswertung* (Entwurf der Neufassung DIN 32645 [2004])

(2) DIN 32646 [2003] *Erfassungs- und Bestimmungsgrenze als Verfahrenskenngrößen. Ermittlung in einem Ringversuch unter Vergleichsbedingungen. Begriffe, Bedeutung, Vorgehensweise.*

Die Begriffe *„Wiederholbedingungen"* und *„Vergleichsbedingungen"* sind gemäß DIN/ISO 5725 [1988] und DIN 55350-13 [1987] wie folgt definiert:

Wiederholbedingungen Wiederholte Anwendung des festgelegten Ermittlungsverfahrens am identischen Objekt durch denselben Beobachter in kurzen Zeitabständen mit denselben Geräten am selben Ort. Für zerstörende Prüfverfahren gilt diese Festlegung für „möglichst gleichartige" Objekte.

Vergleichsbedingungen Anwendung des festgelegten Ermittlungsverfahrens am identischen Objekt durch verschiedene Beobachter mit verschiedener Geräteausrüstung an verschiedenen Orten (Laboratorien).

Die Ermittlung der Kenngrößen unter Wiederholbedingungen bedeutet also Wiederholbestimmungen nach dem eindeutig festgelegten Verfahren an hinreichend homogenem Probenmaterial in kurzen Zeitabständen im gleichen Laboratorium mit denselben Geräten durch den gleichen Bearbeiter.

Zu den entsprechenden Kenngrößen unter Vergleichsbedingungen gelangt man, indem man die so ermittelten laborinternen Kenngrößen aus einer möglichst großen Anzahl von Laboratorien (Stichproben) in einem Ringversuch gemäß DIN 55350-13 [1987] erfasst und in der in Abschn. 4.2 dargelegten Weise auswertet. Dabei wird angenommen, dass alle Laboratorien praktisch identisches Probenmaterial erhalten und eventuelle Unterschiede in der Probennahme sich nicht auswirken.

Vor Schilderung einiger Details zu diesen Normen sei zum besseren Verständnis des Anliegens der Unterscheidung und zur Vermeidung von Missverständnissen auf folgendes hingewiesen:

– Nur die unter Vergleichsbedingungen ermittelten Kenngrößen werden in den Normen als *Verfahrenskenngrößen* bezeichnet.

- Die Beeinflussung der Kenngrößen durch Variationen der Matrixzusammensetzung, wie sie in der Praxis kaum zu vermeiden sind, bleibt in beiden Normen unberücksichtigt. Die Kenngrößen gelten stets für „*identisches Probenmaterial*".
- Unberücksichtigt bleiben auch Veränderungen der Arbeitsbedingungen innerhalb jedes Labors, z. B. durch wechselnde Bearbeiter oder Chemikalienchargen und Schwankungen der Raumtemperatur oder der Energieversorgung. Man muss versuchen, diese durch entsprechende Versuchsgestaltung im Rahmen des Zufallsfehlers mit zu erfassen und die Angabe der Kenngrößen mit Festlegungen zu verbinden, in welchen zeitlichen Abständen bzw. bei welchen Veränderungen Kontrollversuche oder Rekalibrierungen erforderlich sind.
- Die Ermittlung der Kenngrößen unter Vergleichsbedingungen darf nicht verwechselt werden mit der Ermittlung der Vergleichsstandardabweichung gemäß DIN/ISO 5725 [1988] bzw. DIN/EN/ISO 4259 [1996].

4.1
Laborinterne Nachweis-, Erfassungs- und Bestimmungsgrenze (Ermittlung unter Wiederholbedingungen)

Die Norm DIN 32645 [1994] enthält für den Anwender in der analytischen Praxis aufbereitete Begriffserklärungen und Erläuterungen zum Verständnis und zur sachgerechten Interpretation der Kenngrößen. Mathematische Zusammenhänge sind plausibel erklärt und es werden Formeln für die explizite Ermittlung der Kenngrößen angegeben. Außerdem sind Anwendungsbeispiele enthalten sowie Hinweise zur experimentellen Ermittlung der verwendeten Daten. Wichtig ist darüber hinaus eine vergleichende Übersicht über die in anderen DIN-Normen, insbesondere DIN 55350-34 [1991] verwendeten Begriffe und Bezeichnungen, die hier im Anhang eingearbeitet wurden.

Die Gleichungen basieren im Interesse einer einfachen Handhabbarkeit auf *Modellen in abgerüsteter Form*, wie sie in den vorangegangenen Abschnitten vorgestellt wurden. Insbesondere wird bei der Ermittlung der Gehalts-Kenngröße auf die Umkehrung der Kalibrierfunktion *im statistischen Sinne* (Abschn. 3.3.3) verzichtet.

Voraussetzungen sind:

- voneinander unabhängige, normalverteilte Messwerte,
- exakt messbare Blindwerte,
- Kalibrierung zwischen Blindwert und maximal dem Zehnfachen des Gehaltes an der erwarteten Nachweisgrenze, also zwischen y_{BL} und $10y_c$ bzw. $x =$ „0" und $10x_{NG}$,
- Linearität der Kalibrierfunktion und Homoskedastizität mindestens zwischen Blindwert und Bestimmungsgrenze.

Stets wird der Anstieg der Kalibriergeraden durch lineare Kalibration mittels einfacher Regressionsrechnung (ELR, OLS) ermittelt.

Der Blindwert wird entweder aus den Ergebnissen von n Blindprobenuntersuchungen („-messungen") als arithmetisches Mittel $\bar{y}_{BL}$ geschätzt (*Blindwertmethode*), oder er ergibt sich als Ordinatenabschnitt a der Kalibriergeraden bei der Regression der Kalibrierdaten (*Kalibriergeradenmethode*).

Die Blindwertstandardabweichung s_{BL} wird im ersten Fall direkt aus den Schwankungen der Messergebnisse an Blindproben geschätzt, bei der Kalibriergeradenmethode entspricht ihr die Wurzel aus der Reststreuung um die Ausgleichsgerade, $s_{y.x}$.

Die beiden Methoden werden als nahezu gleichwertig betrachtet, im Zweifelsfall wird der direkten Blindwertbestimmung der Vorzug gegeben. Ansonsten erfolgt die Auswahl nach praktischen Gesichtspunkten, speziell der Verfügbarkeit *echter* Blindproben sowie dem Zeitaufwand. Gelegentlich werden beide Methoden zur wechselseitigen Kontrolle (cross validation) herangezogen.

Als Verfahrensstandardabweichung wird die Größe $s_{x0} = s_{y.x}/b \approx s_{BL}/b$ bezeichnet. Unter diesen Bedingungen erhält man die Kenngrößen nach folgenden Gleichungen, wobei n die Anzahl der Bildprobenbestimmungen und N die Anzahl der Wiederholungsbestimmungen bei der Analyse symbolisiert:

Kritischer Messwert y_c

- Blindwertmethode:

$$y_c^{BL} = \bar{y}_{BL} + s_{BL}t_{1-\alpha,\nu}\sqrt{\frac{1}{N} + \frac{1}{n}} \tag{4.1}$$

mit $\nu = n - 1$ Freiheitsgraden,
- Kalibriergeradenmethode:

$$y_c^{K} = a + s_{y.x}t_{1-\alpha,\nu}\sqrt{\frac{1}{N} + \frac{1}{n} + \frac{\bar{x}^2}{S_{xx}}} \tag{4.2}$$

mit $\nu = n - 2$ Freiheitsgraden sowie der Differenzenquadratsumme der Kalibrierprobengehalte $S_{xx} = \sum_{i=1}^{n} (x_i - \bar{x})^2$

Nachweisgrenze x_{NG}

- Blindwertmethode:

$$x_{NG}^{BL} = \frac{y_c^{BL} - \bar{y}_{BL}}{b} = \frac{s_{BL}t_{1-\alpha,\nu}}{b}\sqrt{\frac{1}{N} + \frac{1}{n}} \tag{4.1a}$$

mit $\nu = n - 1$ Freiheitsgraden,

– Kalibriergeradenmethode:

$$x_{NG}^K = \frac{y_c^K - a}{b} = s_{x0}t_{1-\alpha,\nu}\sqrt{\frac{1}{N} + \frac{1}{n} + \frac{\bar{x}^2}{S_{xx}}} \qquad (4.2a)$$

mit $\nu = n - 2$ Freiheitsgraden und $s_{x0} = s_{y.x}/b$

Erfassungsgrenze x_{EG}
– Blindwertmethode:

$$x_{EG}^{BL} = x_{NG}^{BL} + \frac{s_{BL}t_{1-\beta,\nu}}{b}\sqrt{\frac{1}{N} + \frac{1}{n}} \qquad (4.1b)$$

mit $\nu = n - 1$ Freiheitsgraden,
– Kalibriergeradenmethode:

$$x_{EG}^K = x_{NG}^K + s_{x0}t_{1-\beta,\nu}\sqrt{\frac{1}{N} + \frac{1}{n} + \frac{\bar{x}^2}{S_{xx}}} \qquad (4.2b)$$

Für dieses einfache Modell ist im Falle $\alpha = \beta$ die Erfassungsgrenze doppelt so groß wie die Nachweisgrenze, $x_{EG} = 2x_{NG}$.

Bestimmungsgrenze x_{BG}
Bezeichnet man nach den vereinfachten Modellvorstellungen die halbe Breite des zweiseitigen Prognoseintervalls beim Gehalt x_i mit

$$\Delta x_i = s_{x0}t_{1-\alpha,\nu}\sqrt{\frac{1}{N} + \frac{1}{n} + \frac{(x_i - \bar{x})^2}{S_{xx}}} \qquad (4.3)$$

und definiert die Bestimmungsgrenze durch den kleinsten Gehalt x_{BG}, der mit der relativen Unsicherheit $\Delta x_{BG}/x_{BG} = 1/k$ (entsprechend $100/k\,\%$) bestimmt werden kann, so erhält man x_{BG} durch Iteration nach der Beziehung

$$x_{BG} = k \cdot s_{x0} \cdot t_{1-\alpha,\nu}\sqrt{\frac{1}{N} + \frac{1}{n} + \frac{(x_{BG} - \bar{x})^2}{S_{xx}}} \qquad (4.3a)$$

mit $\nu = n - 2$ Freiheitsgraden und $k > 1$.
Als brauchbare Näherung anstelle der Iteration hat sich erwiesen, in (4.3a) im Wurzelausdruck x_{BG} durch $k \cdot x_{NG}$ zu ersetzen. Für exakte Berechnungen ist $k \cdot x_{NG}$ ein vorteilhafter, weil schnell konvergierender Startwert.
Durch Zusammenfassung der Faktoren, mit denen die Standardabweichung gemäß (4.3) und (4.3a) zu multiplizieren ist, zu einer Größe $\Phi_{n,\alpha}$ für den Fall von Einfachbestimmungen bei der Analyse ($N = 1$) ergibt sich

$$\Phi_{n,\alpha} = t_{\alpha,n-1}\sqrt{1 + \frac{1}{n}} \qquad (4.4)$$

mit $f = n - 1$ Freiheitsgraden und man erhält folgende Gleichungen zur Schnellschätzung der Kenngrößen.

Nachweisgrenze

- Blindwertmethode:

$$x_{NG}^{BL} = \Phi_{n,\alpha} \frac{s_{BL}}{b} \qquad (4.4a)$$

- Kalibriergeradenmethode:

$$x_{NG}^{K} = 1,2 \cdot \Phi_{n,\alpha} \cdot s_{x0} \qquad (4.4b)$$

Der Faktor 1,2 berücksichtigt näherungsweise den bei der Kalibriergeraden-methode gemäß (4.2), (4.2a) und (4.2b) auftretenden Term $\bar{x}^2/S_{xx}$, der erfahrungsgemäß den Grenzwert um 10 bis 20% erhöht.

Erfassungsgrenze

$$x_{EG} \approx 2x_{NG} \qquad (4.4c)$$

Bestimmungsgrenze

- Blindwertmethode:

$$x_{BG}^{BL} \approx k\Phi_{n,\alpha} \frac{s_{BL}}{b} \qquad (4.4d)$$

- Kalibriergeradenmethode:

$$x_{BG}^{K} \approx 1,2k \cdot \Phi_{n,\alpha} \cdot s_{x0} \qquad (4.4e)$$

Die Faktoren $\Phi_{n,\alpha}$ sind für $n = 4...12$ und $\alpha = 0,05$ und $\alpha = 0,01$ tabelliert in DIN 32645 [1994].

Daraus ergeben sich für realistische „Standardbedingungen" ($\alpha = \beta = 0,01$; $m = n = 10$ [äquidistante Anordnung der m Kalibrierproben, die je einmal analysiert werden, und $N = 1$] folgende groben Abschätzungen

(1) nach der Blindwertmethode	(2) nach der Kalibriergeradenmethode
$x_{NG} \approx 3s_{BL}/b$	$x_{NG} \approx 4s_{x_0}/b$
$x_{EG} \approx 6s_{BL}/b$	$x_{EG} \approx 8s_{x_0}/b$
$x_{BG} \approx 9s_{BL}/b$	$x_{BG} \approx 11s_{x_0}/b$

Bei exakter Ermittlung der Kenngrößen auf der Basis geschätzter Standard-abweichungen ist zu berücksichtigen, dass diese von einem Vertrauensbereich umgeben sind, wie in Abschn. 3.1.1 im Zusammenhang mit den KAISERschen

Modellvorstellungen dargelegt wurde. In DIN 32645 [1994] sind die betreffenden κ-Werte für $v = 2...11$ Freiheitsgrade und $\alpha = 0,05$ unter Verweis auf DIN 53804-1 [1990] zusammengestellt. Die Kenngrößen liegen danach mit einer Wahrscheinlichkeit von 95% zwischen den so errechneten Extremwerten, wobei der nach o. g. Gleichungen errechnete Wert der wahrscheinlichste ist und im allgemeinen angegeben wird. Im Rahmen der Qualitätssicherung und für Vergleiche stark diskrepanter Kenngrößen ist eine Angabe der Konfidenzintervalle, etwa in der Form

$$x_{EG}^K \cdot \kappa_u \leq x_{EG}^K \leq x_{EG}^K \cdot \kappa_{ob} \tag{4.5a}$$

oder

$$x_{EG}^K \begin{cases} + x_{EG}^K(\kappa_{ob} - 1) \\ - x_{EG}^K(1 - \kappa_u) \end{cases} \tag{4.5b}$$

angeraten.

4.2
Erfassungs- und Bestimmungsgrenze als Verfahrenskenngrößen (Ermittlung unter Vergleichsbedingungen)

Wie am Anfang des Abschn. 3.4 dargelegt, entsprechen die durch die deutsche Norm DIN 32646 [2003] als *Verfahrenskenngrößen* definierten Gehalte x_{VEG} und x_{VBG} vollständig der Erfassungs- bzw. Bestimmungsgrenze nach DIN 32645 [1994] bis auf die Bedingung, dass sie nicht nur in *einem* Laboratorium (*unter Wiederholbedingungen* gemäß DIN 55350-13 [1987]) gelten, sondern mit vorgegebener Wahrscheinlichkeit $1 - \alpha_v$ mindestens für den Anteil γ aller (entsprechend qualifizierten) Laboratorien. Sie sind deshalb höher als die unter Wiederholbedingungen geltenden Kenngrößen x_{EG} bzw. x_{BG}.

Zur Ermittlung werden in einer Stichprobe von q' Laboratorien die laborinternen Kenngrößen x_{EG} und x_{BG} bestimmt und aus den $q \leq q'$ verwertbaren Ergebnissen die entsprechenden *Werte unter Vergleichsbedingungen* (DIN 55350-13 [1987]) x_{VEG} bzw. x_{VBG} als Verfahrenskenngrößen mathematisch geschätzt. Die Laboratorien müssen den Anforderungen zur Teilnahme an einem Ringversuch nach DIN/ISO 5725 [1988] genügen und die Grundgesamtheit aller für die Anwendung des Verfahrens in Betracht kommenden Laboratorien hinreichend repräsentieren.

Mathematisch ergeben sich die *Kenngrößen unter Vergleichsbedingungen* durch den Schluss von den Parametern der Stichproben, die aus den Ergebnissen des Ringversuchs als Kenngrößen aller beteiligten Laboratorien erhalten wurden, auf die Kenngrößen der Grundgesamtheit. Das heißt, es ist der zentrale, um den Mittelwert gelegene Bereich zu schätzen, in dem mit der Wahrscheinlichkeit $1 - \alpha_v$ die laborinternen Kenngrößen des vorgegebenen

Anteils γ aller Laboratorien liegen bzw. bei künftiger Anwendung des Verfahrens liegen werden. Diese Anteilsbereiche, auch Toleranzbereiche oder Toleranzintervalle genannt, werden durch Toleranzgrenzen markiert (siehe auch Abschn. 3.3.3). In diesem Sinne sind die gesuchten Verfahrenskenngrößen identisch mit den oberen Grenzen der jeweiligen Anteilsbereiche bzw. mit den Grenzen der einseitig abgegrenzten Anteilsbereiche, unterhalb derer mit der Wahrscheinlichkeit $1 - \alpha_v$ die Kenngrößen x_{VEG} bzw. x_{VBG} für $(1 - \gamma) \cdot 100\%$ aller (entsprechend qualifizierten) Laboratorien zu erwarten sind.

Ab $q \geq 10$ verwertbaren Ergebnissen des Ringversuchs kann man näherungsweise eine Normalverteilung der ermittelten laborinternen Kenngrößen x_{EG} bzw. x_{BG} annehmen, und dafür errechnen sich die laborübergreifenden Verfahrenskenngrößen x_{VEG} bzw. x_{VBG} als Grenzen einseitig abgegrenzter Anteilsbereiche nach den einfachen Beziehungen

$$x_{VEG} = \bar{x}_{EG} + s_{x_{EG}} \cdot k_{q,\gamma,\alpha_v} \tag{4.6}$$

bzw.

$$x_{VBG} = \bar{x}_{BG} + s_{x_{BG}} \cdot k_{q,\gamma,\alpha_v} . \tag{4.7}$$

Der Faktor k_{q,γ,α_v} ist in DIN 32646 [2003] für den Fall unbekannter, also geschätzter Varianz für $q = 2...20$, $\alpha_v = 0,95$ und $0,99$ sowie für $\gamma = 0,9$; $0,95$ und $0,99$ tabelliert. Nähere Angaben zum Toleranzgrenzenkonzept findet man z. B. bei SACHS [1992, S. 366] sowie in DIN 55303-5 [1987].

Zur Eliminierung eventuell stark abweichender *Ergebnisse* (Kenngrößen) einzelner Laboratorien schreibt DIN 32646 [2003] den Ausreißertest nach COCHRAN (DIN/ISO 5725 [1988]) sowie PEARSON und HARTLEY [1976] vor. Dazu bildet man aus den in q' Laboratorien erhaltenen Kenngrößen G_i ($i = 1...q'$) die Prüfgröße

$$C = \frac{G_{max}^2}{\sum_{i=1}^{q'} G_i^2} , \tag{4.8}$$

wobei G_{max} den höchsten erhaltenen Wert repräsentiert, und vergleicht sie mit den tabellierten Signifikanzschranken des Tests für q' Grenzwerte bei den jeweils $v = n - 2$ Freiheitsgraden, auf denen die Ermittlung der Kenngrößen unter Wiederholbedingungen basiert. Die Norm DIN 32646 [2003] enthält diese Werte für $\alpha_c = 0,05$ und $0,01$ und gängige Werte von q' zwischen 1 und 30 bei jeweils $v = 1...10$ Freiheitsgraden. Ähnliche Tabellen der kritischen Werte für den COCHRAN-Test findet man in DIN/ISO 5725 [1988], in PEARSON und HARTLEY [1976] sowie in DIXON und MASSEY [1969, Tab. A, 17]. Die mehrfache Anwendung des COCHRAN-Tests ist nur unter bestimmten Voraussetzungen zulässig (siehe z. B. DIN/ISO 5725 [1988]).

Zur Ermittlung der Erfassungsgrenze als Verfahrenskenngröße ist für den Ringversuch die Blindwert- oder die Kalibriergeradenmethode vorzuschreiben sowie im letztgenannten Fall der Kalibrierbereich vorzugeben. In der Regel sollen die Gehalte zwischen dem der Blindprobe und maximal dem Zehnfachen der erwarteten Nachweisgrenze liegen.

Die Ermittlung der Bestimmungsgrenze als Verfahrenskenngröße ist nur sinnvoll, wenn sich die relative Präzision mit steigendem Gehalt in den beteiligten Laboratorien etwa in gleicher Weise verbessert.

Stets ist auf hinreichende Klarheit dahingehend zu achten, dass sich die Ermittlung der Kenngrößen unter Vergleichsbedingungen *nicht* der Vergleichsstandardabweichung nach DIN/ISO 5725 [1988] bedient, sondern nur die Anlage des Ringversuchs von dort übernommen wurde.

4.3
Anwendungsaspekte und -grenzen

Zu den DIN-Normen sind eine Reihe ausführlicher Erläuterungen und z. T. kritischer Kommentare erschienen (z. B. HUBER [1994, 2001, 2002, 2003], NOACK [1997], KAUS [1998], HÄDRICH [1993], HÄDRICH und VOGELGESANG [1999A,B], WACHTER et al. [1998A,B,C]). Dabei stehen häufig Ableitungen und Erörterungen der „klassischen" Kenngröße Nachweisgrenze x_{NG}, als dem Gehalt, der dem kritischen Messwert y_c entspricht, im Mittelpunkt. Die Erfassungsgrenze x_{EG}, deren Einführung ein wesentliches Anliegen der DIN-Norm ist, wird lediglich als „Garantiegrenze" (Abschn. 2.4.2) interpretiert.

Tatsächlich wird aber in DIN 32645 [1994] die Erfassungsgrenze als *die* Kenngröße eingeführt, die das Verfahren hinreichend charakterisiert und gleichzeitig den kleinsten sicher erfassbaren (nachweisbaren, erkennbaren) Gehalt repräsentiert. Dies ist vor allem für praktisch orientierte, mit der Theorie weniger vertraute Analytiker wichtig, um eventuelle folgenschwere Irrtümer zu vermeiden.

Die Deutung der Erfassungsgrenze als Garantiegrenze ist nur für den Fall $y_i = y_c$ exakt (siehe Abschn. 2.3.1), worauf in der Literatur wiederholt hingewiesen wurde (z. B. CURRIE [1997, 1999A]). Aus Messwerten $y_i < y_c$ lassen sich mit Hilfe ihrer Konfidenzintervalle Maximalgehalte, die kleiner sind als x_{EG}, ableiten (weil die damit verbundene Erhöhung des Irrtumsrisikos α für die Höchstgehalts- bzw. Reinheitsgarantie unerheblich ist; siehe Abschn. 6.1).

Von großer praktischer Bedeutung sind Hinweise, dass die Voraussetzungen, die der Ableitung der Kenngrößen zugrunde liegen, bestenfalls näherungsweise erfüllt sind und die experimentell geschätzten Parameter ($a \approx \bar{y}_{BL}$, b, s_a, s_b, $s_{y_{BL}}$, $s_{y \cdot x}$) nur eine begrenzte Validität besitzen. Trotz aller Bemühungen um die exakte Einhaltung detaillierter Vorschriften für ein „*vollständiges Analysenverfahren*" sind diese Parameter für verschiedene Laboratorien unterschiedlich, gelten auch innerhalb jedes Labors nur für begrenzte Zeitspannen und erfordern daher Festlegungen zur *Rekalibrierung* nach Ablauf vorgegebener Fristen oder bei Veränderung bestimmter Bedingungen (z. B. Personal, Reagenzien).

Deshalb empfehlen GEISS und EINAX [2001] generell die Verifizierung der Kenngrößen durch die Analyse von Blindproben, einmal undotiert, zum anderen dotiert mit den nach einem Modell geschätzten Gehalten x_{EG} und x_{BG}. Die Autoren demonstrieren die Vorgehensweise am Beispiel der HPLC-Bestimmung von Chrysen. Die Schätzung der zu überprüfenden Kenngrößen (x_{EG}, hier „*Reporting limit*" genannt) erfolgte nach DIN 32645 [1994].

HUBER [1994] verweist darauf, dass die Blindwertmethode nicht in allen praktischen Fällen zur Ermittlung der Kenngrößen herangezogen werden darf, weil sich Blind- und Messwertverteilung unterscheiden können (siehe Abschn. 5.1.3).

Während beispielsweise bei der Bestimmung ubiquitärer, also allgegenwärtiger Umweltverunreinigungen, davon ausgegangen werden kann, dass Blind- und Analysenproben während des analytischen Prozesses in gleicher Weise vom Eintrag dieser Stoffe beeinflusst werden und deshalb ähnliche Varianzen aller Messergebnisse anzunehmen sind, ist das bei der Bestimmung „seltener" Spurenbestandteile wie z. B. synthetischer organischer Verbindungen (Pharmaka) meist nicht der Fall. Das gilt insbesondere für sehr selektive Verfahren wie z. B. die Chromatographie, bei denen als Blindsignal anstelle der Blindwerte „echter" Blindproben die Basislinie gemessen wird. Deren Varianz („Rauschen") ist meist durch ganz andere, sehr komplexe, Ursachen bedingt als die der Komponentensignale. Dieses Problem beeinträchtigt sowohl die Anwendung der Blindwertmethode als auch die der Kalibriergeradenmethode. HUBER [2001] empfiehlt als Ausweg eine Modifikation des Blindwertverfahrens in der Weise, dass anstelle der Blindwertstreuung s_{BL} die Ergebnisstreuung s_x einer Analysenprobe mit einem Gehalt x nahe dem der Nachweisgrenze x_{NG} gemessen wird. Sofern geeignete Proben verfügbar sind, liefert dieses Vorgehen zuverlässigere Ergebnisse. Es ist prinzipiell auch für die Kalibriergeradenmethode anwendbar, wobei sich allerdings wegen der größeren Spannweite des Messbereiches Heteroskedastizität stärker auswirkt. Modellrechnungen zeigen, dass bei Anwendung dieses modifizierten Verfahrens anstelle der Blindwertmethode für $\alpha = 0{,}01$ und Einfachbestimmung des Analysenwertes 6 „dotierte Blindproben" zu analysieren sind und der kritische Messwert y_c dann bei etwa $4\sigma_x$ liegt, während 9 bis 10 Analysen nötig sind, um die Kenngröße x_{NG} zuverlässig aus dem $3\sigma_x$-Prognoseintervall zu schätzen.

Eine ähnliche Modifikation der Blindwertmethode nach DIN 32645 [1994] schlägt KAUS [1998] vor, um Abweichungen der Blindwertverteilung von der Normalverteilung und mangelnder Homoskedastizität vorzubeugen. Er empfiehlt, die Verfahrensvarianz durch Mehrfachbestimmung eines Standard-Referenzmaterials zu ermitteln, dessen Gehalt zwischen 10% und 50% des Gehaltes der niedrigsten Kalibrierprobe liegt. Er verweist außerdem darauf, dass zur Ermittlung von Kenngrößen, die dem direkten Vergleich von Produkten unterschiedlicher Wettbewerber zugrunde gelegt werden sollen, weitere Anstrengungen zur internationalen Harmonisierung der Standardvorschriften erforderlich sind. Vor allem sollten Leistungsgrößen der Validierung aus jeder Norm hervorgehen, also auch Informationen darüber, unter welchen Umständen und in welchen Zeitabständen Rekalibrierungen und Überprüfungen der Kenngrößen erforderlich werden. Dazu gehören auch Festlegungen über die Irrtumsrisiken α und β sowie die zulässige Ergebnisunsicherheit (relative Standardabweichung) an der Bestimmungsgrenze. Anderenfalls könnten Werte für die Verfahrenskenngrößen ermittelt werden, die im Sinne der Mathematik und Statistik korrekt sind, jedoch beträchtlich voneinander abweichen.

Auf die Gefahren, die mit der Anwendung der Blindwertmethode nach DIN 32645 [1994] verbunden sind, weisen auch WACHTER et al. [1998A,B] hin. Wenn die Blindprobe nicht alle Probenvorbereitungsschritte in gleicher Weise durchläuft wie die Analysenprobe, kann die Blindwertstandardabweichung deutlich zu niedrig geschätzt werden. Das ist insbesondere bei der Bestimmung ubiquitärer Stoffe der Fall, wo außerdem aufgrund von gleichartigen Kontaminationen von Blind- und Analysenproben der reale Blindwert nicht zu bestimmen ist (siehe auch HUBER [1994]). Daher wird die indirekte Blindwertbestimmung nach der Kalibriergeradenmethode nach DIN 32645 [1994] empfohlen, wenn mit derartigen Schwierigkeiten zu rechnen ist. Zufriedenstellende Ergebnisse werden auch erhalten, wenn anstelle der Blindprobe ein Standard mit einer Konzentration am unteren Ende des Arbeitsbereiches zur Ermittlung einer relevanten Standardabweichung genutzt wird, wie dies auch von KAUS [1998] und HUBER [2001] vorgeschlagen wurde.

Der Definition des Arbeitsbereichs widmen WACHTER et al. [1998A,B] unter Verweis auf FUNK et al. [1992] große Aufmerksamkeit. Bei stark streuenden Kalibriermessungen kann der niedrigste Kalibriergehalt durchaus unter der Erfassungsgrenze, schlimmstenfalls sogar unter der Nachweisgrenze liegen. Der zugehörige Messwert ist demzufolge viel zu unsicher für die Kalibrierung. Andererseits würde man die Leistungsfähigkeit des Verfahrens nicht ausnutzen, wenn der erste (niedrigste) Kalibriergehalt, der den Anfang des Arbeitsbereichs markiert, zu deutlich oberhalb der Erfassungsgrenze angesetzt wird, weil man davon ausgehen kann, dass oberhalb der Erfassungsgrenze im Prinzip quantitative Bestimmungen möglich sind.

Nach einem Abschätzungskriterium von FUNK et al. [1992] ist es optimal, wenn die Bedingung

$$\frac{x_1}{2} < x_{EG} < x_1 \tag{4.9}$$

erfüllt ist, wobei x_1 den Gehalt der Kalibrierprobe mit dem niedrigsten Kalibriergehalt bezeichnet.

Da die Veränderung des Kalibrierbereiches wiederum die zu bestimmenden Parameter beeinflussen kann, muss man sich an die Kenngrößen quasi

„herantasten". WACHTER et al. [1998A,B] bezeichnen diese Vorgehensweise als „*dynamisch*" gegenüber der „*statischen*" Festlegung der Kenngrößen bei Anwendung der direkten Blindwertmethode. Das Verfahren ist sicher arbeitsaufwändiger und ebenso an Varianzenhomogenität gebunden wie das statische Vorgehen. Als Ausgangspunkt wird, abweichend von DIN 32646 [2001], die erwartete Erfassungsgrenze gewählt.

Aus ähnlichen Überlegungen heraus übt KAUS [1998] Kritik an dem in der DIN-Norm angeführtem Beispiel. Dort liegen die Gehalte der Kalibrierproben zwischen 0,05 mg/l und 0,50 mg/l (jeweils Massenkonzentration Kohlenstoff in Wasser), als Erfassungsgrenze wird 0,14 mg/l ermittelt und die Bestimmungsgrenze ergibt sich für $k = 3$ zu 0,21 mg/l mit dem Vertrauensintervall $(0{,}143 \le x_{BG} \le 0{,}403)$ mg/l.

Zur Berücksichtigung der Unterschiede zwischen Laboratorien, die an einer bestimmten Aufgabe beteiligt sind, ist es erforderlich, dass im Rahmen eines Ringversuches die Kenngrößen „unter Vergleichsbedingungen" entsprechend DIN 32646 [2003] ermittelt werden.

Schon vor einiger Zeit wurde im Bereich der Lebensmittelkontrolle (Überwachung der N-Nitrosodimethylamin-Gehalte in Bier im ppb-Bereich) die dort als Bestimmungsgrenze bezeichnete Erfassungsgrenze als laborübergreifende Kenngröße durch Gemeinschaftsuntersuchungen ermittelt (MONTAG [1982]). Dazu wurde unter Verwendung dotierter Proben nach der Kalibriergeradenmethode in einem Ringversuch nach DIN/ISO 5725 [1988] eine gemeinsame Kalibriergerade ermittelt, wozu über die Vergleichspräzision Konfidenzhyperbeln als Grenzen des Prognoseintervalls berechnet wurden. Der zum Messwert $y_{x_B} = 2t_{1-\alpha,\nu}s_{y_x}$ gehörende Gehalt x_B wird als Bestimmungsgrenze aller am Ringversuch beteiligten Laboratorien angegeben, ergänzt mit dem unter Vergleichsbedingungen ermittelten Prognoseintervall. s_{y_x} ist die Vergleichsstandardabweichung beim Gehalt x gemäß DIN/ISO 5725 [1988]. Mathematisch lässt sich aber ableiten, dass die in Abschn. 4.2 beschriebene Ermittlung der Kenngrößen unter Vergleichsbedingungen gemäß DIN 32646 [2001] unter Verwendung des Anteilbereichskonzepts allgemeingültiger und damit aussagekräftiger ist.

Zur Bestimmungsgrenze existieren mehrere Definitionen und Ermittlungsvorschriften, die teilweise von der DIN-Norm 32645 [1994] prinzipiell abweichen. Nach Ebel und Kamm [1983] sollte die Bestimmungsgrenze den kleinsten Gehalt repräsentieren, der überhaupt „quantitativ bestimmt", also mit einem Konfidenzintervall angegeben werden kann. Danach ist sie identisch mit der Erfassungsgrenze als dem niedrigsten Gehalt, der noch sicher vom Gehalt der Blindprobe zu unterscheiden ist. Als Kenngröße eines quantitativen Verfahrens sollte sie nicht aus den Schwankungen eines zumeist fiktiven Blindwertes, sondern aus der Kalibrierung heraus definiert werden, wobei sich außerdem die Möglichkeit ergibt, eine „Präzisionsgrenze" anzugeben.

Das dafür entwickelte statistische Modell führt zu folgender Definitionsgleichung

$$\bar{x}_{BG} = \frac{s_{y_c}}{b} \left(\sqrt{\frac{(t_{\alpha,n-1}^2)_A}{N} + \frac{(t_{\alpha,N-2}^2)_K}{n} + \frac{(t_{\alpha,N-2}^2)_K \cdot N \cdot \bar{x}_K^2}{D}} \right.$$

$$\left. + \sqrt{\frac{(t_{\alpha,n-1}^2)_A}{N} + \frac{(t_{\alpha,N-2}^2)_K}{n} + \frac{(t_{\alpha,N-2}^2)_K(x_{BG} - \bar{x}_K^2)}{D}} \right) \qquad (4.10)$$

mit $D = n_c \sum x_i^2 - \left(\sum x_i\right)^2$. Die Indizes A bzw. K beziehen sich auf die Analyse bzw. die Kalibrierung, $\bar{x}_K^2$ bezeichnet den Mittelpunkt (Datenschwerpunkt) der Kalibriergehalte und $\bar{x}_{BG}$ bringt zum Ausdruck, dass die Bestimmungsgrenze letztlich einen mit einem Konfidenz- bzw. Prognoseintervall behafteten Mittelwert darstellt. Zur Lösung der Iterationsaufgabe fordern EBEL und KAMM [1983] eine „statistisch dynamische" Festlegung der Bestimmungsgrenze ähnlich der von WACHTER et al. [1998C] vorgeschlagenen dynamischen Festlegung der Erfassungsgrenze. Das bedeutet, dass im Falle $x_{BG} > x_{min}$[1] alle Datenpaare mit $x_i < x_{BG}$ aus der Regressionsrechnung entfernt und gegebenenfalls durch neue Messdaten ersetzt werden müssen oder aber nur im Bereich oberhalb x_{BG} (bis x_{max}) quantitative Bestimmungen ausgeführt werden dürfen. Im Falle $x_{BG} < x_{min}$ müssen, um den Arbeitsbereich des Verfahrens, und damit den Informationsgehalt der Messungen, vollständig auszuschöpfen, weitere Kalibriermessungen unterhalb von x_{min} ausgeführt und in die Ausgleichsrechnung einbezogen werden (theoretisch bis $x_{min} = x_{BG}$).

Zur Verfahrensoptimierung hinsichtlich der Absenkung der Bestimmungsgrenze bei vertretbarem Aufwand sind 8 Kalibriermessungen und Dreifachbestimmungen bei der Analyse ausreichend. Der Kalibrierbereich sollte nahe der Erfassungsgrenze liegen, um möglichst Varianzhomogenität zu gewährleisten. Die Autoren verweisen auch auf die aus statistischen Gründen stets empfehlenswerte „Verdichtung" der Kalibrierpunkte an den Enden des Kalibrierbereiches.

Zu beachten ist, dass die Präzision im Zusammenhang mit der Ermittlung der Bestimmungsgrenze nach Ebel und Kamm [1983] über die Varianz bzw. Standardabweichung definiert wird, während z. B. Wachter et al. [1998C], DIN 32645 folgend, einen Prognosebereich zugrunde legen. Es wird hier auf die in der Norm nicht explizit genannte Bedingung $k \geq 2$ verwiesen, weil $k = 2$ der relativen Ergebnisunsicherheit $\pm 50\%$ entspricht, also gilt $x_{BG} = x_{EG}$, wobei unterhalb x_{EG} liegende Gehalte nicht mehr mit Sicherheit erfasst werden.

HILLEBRAND [2001] definiert die Bestimmungsgrenze als Quotient aus dem experimentell ermittelten und im interessierenden Gehaltsbereich als

---

[1] x_{min} ist der niedrigste Kalibriergehalt

konstant angenommenen Vertrauensbereich der Analysenergebnisse Δx_{exp} und dem für eine konkrete Aufgabe zulässigen relativen Vertrauensbereich $(\Delta x/x)_{\text{zulässig}}$ gemäß

$$x_{\text{BG}} = \frac{\Delta x_{\text{exp}}}{\left(\frac{\Delta x}{x}\right)_{\text{zulässig}}} \qquad (4.11)$$

Dabei wurde die Nachweis- und Erfassungsgrenze nach DIN 32645 [1994] ermittelt und die Erfassungs- als Garantiegrenze angewendet.

In ihren auf die Praxis der Rückstandsanalyse in Umweltkompartimenten, biologischen Materialien, Lebensmitteln und Kosmetika zielenden Empfehlungen weichen HÄDRICH und VOGELGESANG [1999A,B] ebenfalls nur hinsichtlich der Bestimmungsgrenze von DIN 32645 ab. Diese soll nicht nur der kleinste Gehalt sein, der sich mit vorgegebener Präzision (hier charakterisiert durch die relative Standardabweichung 20%) quantitativ bestimmen lässt, sondern es wird darüber hinaus gefordert, dass die für die Rückstandsanalytik mit Anreicherung bedeutsame Wiederfindungsrate zwischen 70% und 120% liegt (VOGELGESANG [1987], HÄDRICH und VOGELGESANG [1999A,B], VOGELGE-SANG und HÄDRICH [1998A]). Außerdem sollen sich Blindwert- und Analysenwertverteilung nicht überlappen. Für die Praxis wird empfohlen, zunächst drei Grenzwerte zu ermitteln, von denen jeweils einer mindestens einer der drei Forderungen entspricht, und den höchsten als Bestimmungsgrenze anzugeben, der dann alle Forderungen erfüllen sollte.

Als Präzisionsgrenze definiert, dient die Bestimmungsgrenze zur a priori Verfahrenscharakterisierung zwecks Vergleich, zur Verfahrensauswahl für eine definierte Aufgabenstellung oder zur Verfahrensoptimierung. Deshalb scheint es nicht gerechtfertigt, sie nach dem Vorschlag einiger Autoren (z. B. HUBER [2002], FUNK et al. [1992]) gänzlich abzulehnen. Es ist aber nicht korrekt, sie zur a posteriori Ergebnisbewertung in dem Sinne zu verwenden, dass man Gehalte $x_i < x_{\text{BG}}$ nur noch als „nachgewiesen aber nicht bestimmbar" bezeichnet (DIN 32645 [1994]), denn es lassen sich zu allen Messwerten y_i sinnvolle Konfidenzintervalle im Gehaltsraum ableiten (siehe Abschn. 6.1). Dagegen können Gehalte $x_i < x_{\text{EG}}$ nicht mehr zuverlässig nachgewiesen werden, da das zu y_{EG} gehörende Konfidenzintervall durch y_c begrenzt wird. Damit entspricht x_{EG} zugleich dem niedrigsten quantitativ, d. h. mit einem Vertrauensbereich „im klassischen Sinne" bestimmbaren Gehalt.

Effektive Analysenkonzepte erfordern in der Praxis Kompromisse zwischen Aufwand, Risiken und Kosten. Limitierende Faktoren, die oft bei Validierungen keine Berücksichtigung finden, sind demzufolge Probennahme-, -behandlungs- und -lagerungseinflüsse, Matrixeinflüsse oder Interlaboratoriumsabweichungen, deren Feststellung Ringversuche erfordern würde. Der Aufwand für kollaborative Studien ist jedoch häufig auch für Kontroll- und Referenzlabors nicht aufzubringen, so dass, abweichend von DIN 32646 [2003] eine *In-house-Validierung* in Bezug auf matrixbedingte und zeitabhängige Variationen in Betracht zu ziehen ist.

Im EU-Referenzlabor für Tierarzneimittelrückstände Berlin wurde ein In-house-Validierungskonzept entwickelt, das auf der Grundlage eines statistischen „Uncertainty-Modells" mit detaillierten Probennahmeplänen über Multifaktorexperimente die Untersuchung matrix- und zeitabhängiger Abweichungen gestattet (GOWIK et al. [1998, 1999], JÜLICHER et al. [1998]). Nach dem speziellen Uncertainty-Modell setzen sich die Messwerte y_i additiv zusammen aus dem wahren Wert τ, methodenabhängigen Abweichungen α_{Meth}, matrixbedingten Abweichungen α_{Matrix}, zeitabhängigen Variationen α_{Zeit}, laborspezifischen Abweichungen α_{Labor} sowie dem Verfahrensfehler α_{Verf}, der die Wiederholstandardabweichung bestimmt.

Angewendet wurde das Konzept für die Analyse von Chloramphenicol in Muskelfleisch. Dazu wurde je ein Organ (Muskel) aus 26 Matrizes unterschiedlicher Spezies (Rind, Kalb, Schwein, Pute), verschiedener Tierarten pro Spezies, variierender Fütterungsbedingungen (Intensiv- bzw. Extensivhaltung), unterschiedlichen Fettgehaltes, verschiedenen Frischezustandes (frisch, verdorben), variablen Lagerbedingungen (schlachtfrisch, mehrere Wochen tiefgefroren) mit vier unterschiedlichen Mengen Chloramphenicol versetzt und durch drei verschiedene Personen mit unterschiedlicher Erfahrung in der Probenaufarbeitung und Analysentechnik untersucht. Die dabei erhaltenen Kalibriermessungen werden zu einer „General-Kalibriergeraden" zusammengefasst, die die Intention einer Vergleichskalibration verkörpert.

Die so ermittelte In-house-Vergleichsstandardabweichung umfasst die Matrix-, Zeit- und Wiederholfehler. Die unabhängig ermittelte relative Laborstandardabweichung (*RSDL*, siehe UHLIG und LISCHER [1998]) enthält den „laboratory bias", die zeitabhängigen Schwankungen sowie die Wiederholstandardabweichung und soll damit aufwendige Ringversuche ersetzen.

Als Verfahrenskenngrößen werden kritische Konzentrationen CC_α und CC_β eingeführt, die weitgehend der Nachweis- und Erfassungsgrenze nach DIN entsprechen und auf Grund der angewandten Versuchsgestaltung eine Alternative darstellen zu den unter Vergleichsbedingungen nach DIN 32646 [2001] ermittelten Verfahrenskenngrößen x_{VNG} und x_{VEG}. Sie werden hier durch unterschiedliche Wahl der Irrtumsrisiken α und β den verschiedenartigen Anforderungen an Screening- bzw. Referenzverfahren angepasst.

Die Konzentration CC_β charakterisiert die „*detection capability*" und der zu CC_α gehörende Messwert, (entsprechend y_c) die „*decision capability*" einer Ja-Nein-Entscheidung über die Anwesenheit des gesuchten Analyten. Aus einer Power-Kurve, die den aus der Testtheorie bekannten Funktionen der Teststärke (power of the test) entspricht (siehe dazu SACHS [1992, Abschn. 147]) kann die Eignung eines Verfahrens zum Nachweis vorgegebener Gehalte in Abhängigkeit vom Irrtumsrisiko β entnommen werden.

So wichtig die Bemühungen sind, Beeinflussungen der Kenngrößen durch die oft vernachlässigten und auch schwer zu quantifizierenden Faktoren Matrixvariation und zeitliche Instabilität mit zu erfassen, ist es doch fraglich, ob die In-house-Validierung eine echte Alternative zu bestehenden Praktiken sein kann. In einer Korrespondenz zur Arbeit von GOWIK et al. [1998] halten VOGELGESANG und HÄDRICH [1998B] entgegen, dass der Aufwand von insgesamt 96 Bestimmungen innerhalb eines Labors wohl kaum zu rechtfertigen ist.

Die Autoren verweisen darüber hinaus auf die Unvermeidlichkeit von Ringversuchen bei der analytischen Überwachung von gesetzlich oder anderweitig festgelegten Grenzwerten, die im folgenden als „Schwellenwerte" bezeichnet werden.

Die verschiedenen Aspekte dieser Problematik, insbesondere die gesellschaftliche Bedeutung und mögliche juristische Konsequenzen werden in Abschn. 6.2.5 behandelt. Dabei zeigt sich, dass es keine generellen Festlegungen darüber gibt, in welcher Weise der analytischen Unsicherheit bei Schwellenwertüberwachungen Rechnung getragen werden muss und ob dafür der Auftrag- bzw. Gesetzgeber oder der Analytiker verantwortlich ist.

Seitens der Analytik wurden dafür Ansätze entwickelt, die naturgemäß über die „klassische" Kenngrößenermittlung, z. B. nach DIN, hinausgehen. Dafür seien noch zwei Beispiele angeführt.

DESIMONI und MANNINO [1998] schlagen für Grenzwertentscheidungen, die den Nachweis von Schwellenwertüberschreitungen betreffen, folgenden Weg vor. Aus Mehrfachbestimmungen an Kalibrierproben mit dem Grenzwert x_G wird der Mittelwert $\bar{y}_G$ und die Standardabweichung s_{y_G} mit v_G Freiheitsgraden bestimmt und daraus eine Vergleichsgröße y_V ermittelt

$$y_V = \bar{y}_G + 2t_{1-\alpha,v_G} s_{y_G} \tag{4.12}$$

Dies gilt für den Fall $\alpha = \beta$. Hat man dann an der zu prüfenden Analysenprobe A aus n_A Bestimmungen die Werte $\bar{y}_A$ und s_A ermittelt, so lässt sich die Prüfgröße $\hat{t}$ nach der Beziehung

$$\hat{t} = \frac{(\bar{y}_A - y_V)\sqrt{n_A}}{s_A} \tag{4.13}$$

errechnen und die gesuchte Substanz gilt als nachgewiesen, wenn $\hat{t} \geq t_{1-\alpha,n_A-1}$ ist.

Es wird also, um die Unsicherheit sowohl bei der Ermittlung der Erfassungsgrenze als auch bei der Analyse der zu prüfenden Probe zu berücksichtigen, letztlich ein Mittelwertvergleich mit dem t-Test durchgeführt. Da n_A in der Praxis höchstens zwischen 3 und 5 liegen kann, führt diese Vorgehensweise zu einem sehr „weichen" Test, der nur deutliche Grenzwert-überschreitungen erkennen lässt.

Auf Grund von Erfahrungen bei der PCB-Überwachung sowie von theoretischen Überlegungen, die die Berücksichtigung aller Unsicherheiten bei der inversen Regression betreffen, kommen COLEMAN et al. [1997] zu dem Schluss, dass die Erfassungsgrenze x_{EG} zwar den kleinsten zuverlässig erkennbaren Gehalt repräsentiert, der sicher vom Blindwert unterscheidbar ist, für den direkten Vergleich mit einem vorgegebenen Grenzwert jedoch die Bestimmungsgrenze x_{BG} verwendet werden muss. Sie leiten diese Empfehlung auch ab aus Definitionen der Grenzwerte über die Anzahl der signifikanten Stellen der Kennziffern und über ein logarithmisches Signal-Rausch-Verhältnis $LSNR$

$$LSNR = \lg \left(\frac{\text{Messwert}}{\text{Gesamtunsicherheit}} \right) = -\lg(RME) \qquad (4.14)$$

mit RME als relativem Messfehler, für den z. B. $2s_x/x = 2s_{x_{\text{rel}}}$ gesetzt wird. Aus einer Beziehung für die Anzahl w der signifikanten Ziffern (wobei w auch ein Bruch sein kann)

$$\frac{1}{2} \cdot 10^{-w} \leq RME \leq \frac{1}{2} \cdot 10^{-w+1} \qquad (4.15)$$

wird abgeleitet, dass bei Angabe nur einer signifikanten Ziffer für ein Ergebnis RME höchstens 5% betragen darf. Damit ergibt sich für die Kenngrößen:

- die Erfassungsgrenze repräsentiert den kleinsten Gehalt mit einer nicht negativen Zahl signifikanter Ziffern, einem $RME \leq 50\%$ und einem $LSNR \geq 0$
- die Bestimmungsgrenze repräsentiert etwa den kleinsten Gehalt, der mit einer (1,0) signifikanten Ziffer angegeben werden kann und bei dem der relative Messfehler $RME \leq 5\%$ und $LSNR \geq 1$ ist.

Darüber hinaus plädieren COLEMAN et al. [1997] dafür, bei Angabe eines Mess- bzw. Analysenergebnisses stets auch die Standardabweichung und die Anzahl der statistischen Freiheitsgrade bei ihrer Ermittlung sowie die Zahl der Parallelbestimmungen bei der Analyse mit anzugeben, damit jeder Nutzer solcher Ergebnisse die statistischen Intervalle mit der jeweils erforderlichen Sicherheit selbst errechnen bzw. seinen Erfordernissen und Interpretationen anpassen kann.

5 Ermittlung der Kenngrößen in speziellen Fällen

5.1
Abweichung von den geforderten Voraussetzungen

Weitgehend allgemeingültige Kenngrößen können naturgemäß Analysenverfahren und -ergebnisse nur sehr grob charakterisieren, denn sie sind – abgesehen von der Problematik, die Parameter eines „vollständigen Analysenverfahrens" nach KAISER [1956, 1965] hinreichend exakt zu erfassen und zu reproduzieren – an generalisierende Voraussetzungen gebunden, die in der Praxis bestenfalls näherungsweise erfüllt sind. Das sind vor allem *normalverteilte Blind- und Analysenwerte, konstante Varianz*, zumindest im Bereich zwischen Blindwert und Bestimmungsgrenze, sowie *lineare Kalibrierfunktionen*.

Auf Konsequenzen der Abweichungen von diesem Voraussetzungen und Möglichkeiten, ihnen Rechnung zu tragen, wurde in den Kapiteln 3 und 4 verschiedentlich hingewiesen. Im Folgenden werden Wege zur Berücksichtigung solcher Abweichungen dargelegt. Vorangestellt sei der Hinweis von LUTHARDT et al. [1987], dass bei Anwendung von Modellen, die über die Normalverteilung und die Anwendbarkeit der ungewichteten Regression hinausgehen, die Aussagen *„zwar unübersichtlicher, aber nicht sicherer"* werden können, falls die Voraussetzungen für spezifizierte Modelle nicht mit Sicherheit erfüllt sind. Dazu wird der Mathematiker TUKEY [1962] mit den Worten zitiert *„Far better an approximate answer to the right question, which is often vague, than an exact answer to the wrong question, which can always be made precise"*. Unter diesem Gesichtspunkt sollten wohl alle Bemühungen, durch Modellverfeinerungen das attestierte Nachweisvermögen von Analysenverfahren zu verbessern, kritisch betrachtet werden, zumal Unsicherheit und Instabilität der experimentell geschätzten Parameter zusätzliche Unwägbarkeiten darstellen.

5.1.1
Modellierung stetiger nicht-normaler Messwertverteilungen

Prinzipiell ist die Annahme einer logarithmisch-normalen Verteilung von Blindwerten und von Analysenwerten in deren Nähe aus mehreren Gründen plausibler als die einer Normalverteilung, zum einen, weil der wahre Gehalt der Blindprobe größer (oder gleich) Null sein muss, zum anderen, weil manche Messgrößen, z. B. Schwärzungen lichtempfindlicher Schichten, von Natur aus nicht normalverteilt sind. Deshalb werden die Kenngrößen gelegentlich auf der Basis einer lognormalen Messwertverteilung ermittelt (z. B. BOSCH und BROEKHAERT [1975], BURGAEWSKIJ et al. [1983], KAPLAN [1989]).

Andererseits konnte für verschiedene praktische Fälle gezeigt werden (siehe Abschn. 3.1.3.2), dass bis zu relativen Standardabweichungen von 15% ($s_y/y = 0{,}15$) die resultierenden Unterschiede der Kenngrößen 20% kaum überschreiten, selbst wenn logarithmisch-normalverteilte Messwerte gehaltsproportional ansteigen und somit nicht mehr von Homoskedastizität ausgegangen werden kann.

Da Messwertnormalverteilungen am ehesten als Folge von Mittelwertbildungen angenommen werden können, befasste sich CURRIE [2001] ausführlicher mit dem Einfluss nicht-normaler („schiefer") Verteilungen individueller, also nichtgemittelter Blindwerte bzw. blindwertkorrigierter Messwerte auf die Ergebnisunsicherheit an der Grenze der Nachweisbarkeit und damit auf die Zuverlässigkeit von Nachweisentscheidungen und entsprechenden Kenngrößen. Obwohl sich die Untersuchungen auf spezielle umweltanalytische Aufgabenstellungen und dafür entwickelte Analysenverfahren, nämlich die Bestimmung von ^{14}C in elementarem („schwarzem") Kohlenstoff mittels AMS (Accelerator Mass Spectrometry) beziehen, sind die Schlussfolgerungen von allgemeinem Interesse.

CURRIE [2001] unterscheidet drei Arten von „schiefen" Blindwertverteilungen:

– die durch die Gesetzmäßigkeiten des Messprozesses (z. B. des radioaktiven Zerfalls) bedingten,
– die durch nichtlineare Korrekturen oder Transformationen normalverteilter Messwerte „rechnerisch" hervorgerufenen und
– die der a priori nicht-normal verteilten Blindwerte.

Während in den beiden erstgenannten Fällen die tatsächlich vorliegenden Blindwertverteilungen zum Zwecke zuverlässiger Ermittlung von Kenngrößen anhand theoretischer Überlegungen modelliert werden können[1], müssen „a priori nicht normal verteilte" Blindwerte, gleichgültig ob sie natürlichen Ursprungs sind oder während der Analyse „eingeschleppt" wurden, empirisch ermittelt werden. Das gelingt im Prinzip nur, wenn sie hinreichend stationär sind und eine große Anzahl ($n > 100$) von Messungen ausgeführt werden kann. Allerdings konnte CURRIE [2001] zeigen, dass sich im Falle etwa logarithmisch normalverteilter „laborbedingter" ^{14}C-Blindwerte bereits für $n = 6$ der kritische Messwert y_c hinreichend genau über die STUDENTsche t-Verteilung schätzen lässt, wenn die Blindwertkorrekturen paarweise erfolgen, also jeder

---

[1] siehe z. B. Impulsverteilungen, Abschn. 5.1.4, bzw. Behandlung rechnerisch bedingter nicht-normaler Verteilungen, Abschn. 3.2.5, Weg A2

Messwert mit „seinem" Blindwert korrigiert wird. Das Irrtumsrisiko α für den Fehler 1. Art lag nur etwa 10% oberhalb der Vorgabe $\alpha = 0{,}05$ und damit deutlich niedriger als das über verteilungsfreie Toleranzintervalle bzw. nach der Tschebyscheffschen oder Gaussschen Ungleichung erhaltenen (siehe Abschn. 3.1.1 und Abschn. 5.1.2 sowie Sachs [1992], Abschn. 38 und 143).

5.1.2
Verteilungsfreie Tests

Eine Alternative zur Modellierung der Messwertverteilungen im Gebiet nahe dem mittleren Blindwert stellt die Schätzung des kritischen Messwertes y_c mit Hilfe nichtparametrischer Tests dar.

Ein solcher Test wird von Kaplin et al. [1978] zur Ermittlung von Nachweisgrenzen der Inversvoltammetrie beschrieben. Er soll nachfolgend als Beispiel vorgestellt werden. Analysiert werden n_1 Blindproben und n_2 Analysenproben, bei denen es sich um dotierte Blindproben handelt. Auf diese Weise erhält man die Ergebnisse zweier zufälliger unabhängiger Stichproben $\{y_1\}$ und $\{y_2\}$. Dabei sollten n_1 und n_2 zwischen 3 und 5 liegen und im Interesse der Testschärfe gleich sein.

Errechnet werden

- die Mittelwerte $\bar{y}_1$ und $\bar{y}_2$,
- der Gesamtmittelwert als gewogenes Mittel

$$\bar{y} = \frac{n_1 \bar{y}_1 + n_2 \bar{y}_2}{n} \tag{5.1}$$

mit $n = n_1 + n_2$.
- die Varianz

$$s^2 = \left(\sum_{i=1}^{n_1} (y_{1_i} - \bar{y}_1)^2 + \sum_{j=1}^{n_2} (y_{2_j} - \bar{y}_2)^2 \right) \tag{5.2}$$

- sowie die statistische Größe

$$w = \frac{n_1 \cdot n_2}{n^2 \cdot s^2} (\bar{y}_1 - \bar{y}_2)^2 \, , \tag{5.3}$$

die Werte zwischen 0 und 1 annehmen kann und sich für ausreichend große n durch eine β-Verteilung 1. Art (Müller [1970]) annähern lässt.

Für eine beliebig zusammengefasste Stichprobe n existiert nun ein kritischer w-Wert, für den gilt

$$P(w \le w_{\alpha,n}) = 1 - \alpha \, , \tag{5.4}$$

wobei $w_{\alpha,n}$ das Quantil der β-Verteilung 1. Art ist. Im vorliegenden Fall lautet (5.4)

$$P\left[(\bar{y}_1 - \bar{y}_2)^2 \leq \Delta y_{\min}^2\right] = 1 - \alpha \tag{5.5}$$

wobei für $\Delta y_{\min}$, die kleinste mit der Wahrscheinlichkeit $1 - \alpha$ unterscheidbare Differenz zweier Mittelwerte gilt

$$\Delta y_{\min} = n s_y \sqrt{\frac{w_{\alpha,n}}{n_1 n_2}} \ . \tag{5.6}$$

Weil sich das Quantil der β-Verteilung 1. Art über die STUDENTsche t-Verteilung ermitteln lässt nach der Gleichung

$$w_{\alpha,n} = \frac{t_{\alpha,n}^2}{t_{\alpha,n}^2 + n - 2} \tag{5.7}$$

gilt schließlich

$$\Delta y_{\min} = \frac{n s_y t_{\alpha,n}}{\sqrt{n_1 n_2 (t_{\alpha,n}^2 + n - 2)}} \ . \tag{5.8}$$

Das Irrtumsrisiko α ergibt sich aus der Zahl der Versuche nach der Beziehung $\alpha = (n_1! n_2!)/n!$. Für $n_1 = n_2 = 2$ ist $a = 0{,}1667$, für $n_1 = n_2 = 3$ folgt $a = 0{,}05$ und für $n_1 = n_2 = 4$ ergibt sich $a = 0{,}014$, so dass $n_1 = n_2 = 3$ die gewünschte statistische Sicherheit ergibt.

Aus $\Delta y_{\min}$ folgt dann y_c nach

$$y_c = \bar{y}_{BL} + \Delta y_{\min} \ . \tag{5.9}$$

Eine weitere Möglichkeit zur Schätzung von y_c ohne Kenntnis der Messwertverteilung ist die Berechnung eines verteilungsfreien Vertrauensbereiches aus einer nichtparametrischen Schätzung mittels sogenannter *Resampling-Techniken* (EFRON [1982]). Diese Vertrauensbereiche umfassen sowohl zufällige als auch systematische Fehler und bilden daher im weiteren Sinne auch eine Alternative zur Unsicherheitsschätzung nach ISO [1993] und EURACHEM [1998], siehe Abschn. 3.3.1.

Zu den wichtigsten zählen *Jackknife-* und *Bootstrap*-Verfahren. Diese betrachten die Menge aller Daten einer Blindprobe (oder auch einer Probe mit hinreichend geringem Gehalt) des Umfangs n als Grundgesamtheit und generieren aus dieser nach dem Zufallsprinzip neue Stichproben, z. B. mittels Monte-Carlo-Techniken. Dabei arbeitet Jackknife mit Teilstichproben der Größe $(n - 1)$ bzw. $(n - k)$, während Bootstrap die n Originalstichprobenwerte zunächst vervielfacht und daraus dann b Stichproben gleichem Umfangs zieht, wobei b größer oder kleiner als n sein kann.

Der geschätzte Mittelwert aller Daten ist $\bar{y}_{BL}$, die Mittelwerte der einzelnen Bootstrap-Proben sind q_i. Die Verteilung der q_i-Werte kann betrachtet werden als sei sie eine Verteilung realer Proben. Für den Bootstrap-Mittelwert gilt

$$\bar{q} = \sum_{i=1}^{b} \frac{q_i}{b}. \tag{5.10}$$

Die Bootstrap-Schätzung
des systematischen und des Zufallsfehlers erfolgt über den Bootstrap-Bias

$$bbias = \bar{q} - \bar{y}_{BL} \tag{5.11}$$

und die Bootstrap-Varianz

$$bvar = \frac{\sum_{i=1}^{b} (q_i - \bar{q})^2}{b}. \tag{5.12}$$

Für y_c gilt demzufolge

$$y_c = \bar{y}_{BL} + k \sqrt{\frac{\sum_{i=1}^{b} (q_i - \bar{q})^2}{b}}. \tag{5.13}$$

Bootstrap-Schätzungen werden häufig zur Ermittlung von Konfidenzintervallen angewandt, wenn klassische Verfahren an ihre natürlichen Grenzen gelangen. Das ist z. B. für mehrdimensionale Zusammenhänge wie multiple oder multivariate Schätzungen der Fall oder auch für dreidimensionale Kalibrationen (NIMMERFALL und SCHRÖN [2001]). Für die Schätzung von Nachweiskenngrößen wurden Bootstrap- und Jackknife-Verfahren bislang kaum eingesetzt.

5.1.3
Varianzinhomogenität (Heteroskedastizität)

Inwieweit Varianzhomogenität bis zur Erfassungs- bzw. Bestimmungsgrenze angenommen werden kann, wird unterschiedlich beurteilt (Abschn. 3.2 und 3.3). Wird bei der Ermittlung des Ordinatenabschnitts a durch lineare Kalibration Heteroskedastizität vermutet oder nachgewiesen, so wird dies meist durch Anwendung von gewichteter linearer Regression berücksichtigt, um die Verfahrensstreuung nicht unnötig zu vergrößern. DIN 32645 [1994] geht von Homoskedastizität aus (siehe Abschn. 4.1), während HUBER [1994, 2001] auf Grund der Betrachtung unterschiedlicher Ursachen für Blindwertschwankungen vorschlägt, anstelle der Blindwertstreuungen die Messwertstreuung einer Probe mit einem Gehalt in Blindwertnähe als Verfahrensvarianz der Ermittlung der Kenngrößen zu Grunde zu legen. Ähnlich geht KAUS [1998] vor.

Im Rahmen einer umweltanalytischen Aufgabe, nämlich der Kontrolle von Geweberückständen hinsichtlich eines Antiparasitikums, erprobten OPPEN-HEIMER et al. [1983] mehrerere Wege zur Ermittlung der Kenngrößen bei Varianzinhomogenität. Die gewichtete lineare Regression unter Verwendung empirischer Gewichte erwies sich als realitätsnäher im Vergleich mit Modellierungen der Varianzfunktion oder logarithmischer Transformation der Messwerte. Sowohl bei den Modellierungen als auch bei den Transformationen führten Modellinadäquatheiten rasch zur Erhöhung der Kenngrößen. Deshalb entwickelten WILSON et al. [2004] zusammen mit einem Zweikomponenten-Modell für die Varianzfunktion einen Anpassungstest (goodness of fit statistics), der auf der Annahme konstanter Blindwertstandardabweichungen sowie konstanter relativer Messwertstandardabweichungen bei höheren Gehalten basiert. Das Modell berücksichtigt allerdings nur die bei der Kalibration auftretenden messtechnisch bedingten Unsicherheiten.

CURRIE [2004] erprobte im Zusammenhang mit der ^{14}C-Spurenbestimmung mittels AMS drei Modelle für die Varianzfunktion: ein lineares ($\sigma_y = a + by$), eines auf der Basis der POISSONverteilung ($\sigma_y^2 = a + by$) und ein quadratisches ($\sigma_y^2 = a + by^2$). Die Anpassung erfolgte mittels gewichteter linearer Regression. Keines der Modelle wurde abgelehnt, die geringsten Abweichungen zeigte das quadratische Modell. Die Funktionen wichen jedoch deutlich voneinander ab, so dass z. B. die Blindwertstandardabweichungen, die beim linearen Modell dem Ordinatenabschnitt σ_{BL}, bei den beiden anderen σ_{BL}^2 entsprachen, um den Faktor 2 bis 3 differierten. Dementsprechend unterschieden sich auch die daraus abgeleiteten Werte für y_c. Die Bestimmungsgrenzen aus dem POISSON- und dem quadratischen Modell differieren nur um 20%, ein Zeichen für die asymptotische Annäherung. CURRIE [2004] verweist darauf, dass nicht die Anpassung allein zur Auswahl eines Modells für die Varianzfunktion herangezogen werden darf, sondern immer auch die physikochemischen Grundlagen des Messprozesses mit zu betrachten sind. Im vorliegenden Fall entspricht wohl das POISSON-Modell der Realität am besten, weil die Zählung der individuellen ^{14}C-Ionen der präzisionsbestimmende Schritt ist. Der Autor verweist auch auf die Möglichkeit, aus den Unsicherheiten der einzelnen Komponenten des Messprozesses auf Basis des ISO [1993] „*Guide to the Expression of Uncertainty in Measurement*" (*GUM*) eine Gesamtunsicherheit zu modellieren und auf diese Weise a priori Kenntnisse über den Messprozess zu berücksichtigen (siehe Abschn. 3.3.1).

5.1.4
Diskrete Verteilungen

Analysenverfahren, die auf Impulszählungen zum Nachweis von Röntgen- bzw. γ-Strahlung oder Radionukliden beruhen, liefern statt stetiger stets diskrete

Messwerte, die der POISSON-Verteilung (siehe SACHS [1992], Abschn. 164) unterliegen, welche Varianzhomogenität ausschließt.

Zur Charakterisierung von Analysenverfahren und -ergebnissen sind mit diskreten Messwertverteilungen zahlreiche Formalismen entwickelt worden, die alle auf dem Prinzip der Signal-Blindwert- bzw. -Rausch-Trennung beruhen, aber oftmals schwer vergleichbar bzw. ineinander überführbar sind, weil sie jeweils eng an eine Aufgabenstellung und an spezielle Messanordnungen und Auswertetechniken gebunden sind. Wesentliche Unterschiede bestehen erwartungsgemäß zwischen röntgenspektrometrischen und radiometrischen Verfahren. Im Folgenden können für jede dieser beiden Gruppen nur an Hand einiger Beispiele die Zusammenhänge und Probleme dargestellt werden. Allerdings dient in der Regel die „KAISERsche" Nachweisgrenze zur Nachweisentscheidung und zur Verfahrenscharakterisierung. Erfassungs- und Bestimmungsgrenze werden nur ausnahmsweise explizit genannt.

5.1.4.1
Röntgenspektrometrie

Die wichtigsten Methoden der Röntgenspektrometrie sind Röntgenfluoreszenzanalyse (RFA), Elektronenstrahlmikroanalyse (ESMA) und Totalreflexions-Röntgenfluoreszenzanalyse (TRFA).

Meist wird davon ausgegangen, dass auch für sehr kleine Impulszahlen ($I < 100$) gemäß der POISSON-Statistik die Standardabweichung

$$s_I = \sqrt{I} \tag{5.14}$$

ist und die POISSON-Verteilung durch die Normalverteilung angenähert werden kann (KOTRBA [1977], GILFRICH und BIRKS [1984]). Damit ergibt sich der kritische Messwert als die kleinste signifikant vom Blindwert (dem Untergrund unter dem Signal des Analyten) unterscheidbare Impulszahl I_{A_c} nach der Beziehung

$$I_{A_c} = I_{BL} + 3\sqrt{I_{BL}} \tag{5.15}$$

bzw., wenn jedes Ergebnis mit dem jeweiligen Untergrundwert korrigiert wird,

$$I_{A_c}^{korr} = I_A - I_{BL} = 3\sqrt{I_A + I_{BL}} \approx 3\sqrt{2I_{BL}} , \tag{5.16}$$

da man an der Nachweisgrenze $I_A \approx I_{BL}$ annehmen kann.

Diese Definition ist allerdings nur für jeweils festgelegte Messzeiten t gültig. Da das Signal linear mit t ansteigt, seine Standardabweichung jedoch mit $\sqrt{t}$, verbessert sich das Nachweisvermögen mit zunehmender Messzeit t. Abgesehen von ökonomischen Zwängen lässt sich t aber auch deshalb nicht beliebig ausdehnen, weil Geräteinstabilitäten und andere zeitabhängige Faktoren zu systematischen Fehlern führen können. Es gilt also, eine den jeweiligen Erfordernissen und Gegebenheiten angepasste Messdauer t festzulegen, die stets in Verbindung mit der Nachweisgrenze oder einer anderen Kenngröße anzugeben ist.

Den Gehalt an der KAISERschen Nachweisgrenze erhält man mit der Empfindlichkeit b (hier: Impulszahl pro Zeiteinheit und Gehaltsanteil) nach der Beziehung

$$x_{NG} = \frac{I_{A_c}}{b} \cdot t \,. \tag{5.17}$$

Für die Elektronenstrahlmikroanalyse schlug KOTRBA [1977] vor, eine optimale Messzeit t_{opt} so zu wählen, dass die relative Standardabweichung an der Nachweisgrenze 33% beträgt, wie das bei den nicht messdauerabhängigen Analysentechniken für $k = 3$ auch der Fall ist. Somit gilt

$$\left(\frac{\sqrt{I_A + I_{BL}}}{I_A - I_{BL}} \right)_{t_{opt}} = 0{,}33 \,. \tag{5.18}$$

Unter dieser Bedingung leitete der Autor Gleichungen zur Ermittlung von Gehalten ab, die der KAISERschen Nachweisgrenze entsprechen, und zwar für verschiedene Messregimes zur Messung des nicht direkt zugänglichen Untergrundes. Diese bezeichnete er als „Bestimmungsgrenze", weil das Konfidenzintervall den Wert Null nicht unterschreitet.

Um die Faktoren, die das Nachweisvermögen bestimmen, formelmäßig zu verdeutlichen und für Optimierungen darzustellen, leitete KUMP [1997] für die RFA folgende Beziehung ab

$$x_{NG} = 3 \frac{i_{BL}}{b} \frac{\sqrt{I_{BL}}}{I_{BL}} = 3 \frac{i_{BL}}{b \sqrt{I_{BL}}} \,, \tag{5.19}$$

worin i_{BL} die Untergrund-Impuls*rate* (Impulse/s) ist.

Daraus folgt für $1/\sqrt{I_{BL}} = 0{,}33$, d. h. relative Standardabweichung des Blindwertes bzw. Untergrundes 33%,

$$x_{NG} = \frac{i_{BL}}{b} \,. \tag{5.20}$$

KUMP [1997] bezeichnet (5.19) als Analogon zum SBR-RSDB-Konzept, das BOUMANS [1990] für die ICP-Atomspektroskopie entwickelte (siehe Abschn. 3.4).

Während das Rauschen dort durch wesentliche Teile des Messsystems gegeben ist, wird es hier durch die Messdauer bestimmt, weil der relative Fehler der Messung des Blindwertes (als Untergrund unter der Spektrallinie) von der Zählstatistik beherrscht wird. Dagegen repräsentiert i_{BL}/b den Kehrwert des Signal-Rausch-Verhältnisses, das Aussagen über Anregung und Registrierung der Röntgenstrahlung im Messsystem liefert.

PANTONY und HURLEY [1972] prüften experimentell mehrere Möglichkeiten zur Ermittlung der KAISERschen Nachweisgrenze für röntgenspektrometrische Verfahren. Dazu wurde die relative Standardabweichung auf fünf unterschiedlichen Wegen geschätzt und dann jeweils über den t-Test mit $\alpha = 0{,}025$ der kleinste sicher vom Blindwert unterscheidbare Gehalt ermittelt. Auf folgenden Wegen wurde die Standardabweichung geschätzt:

A: nach der theoretischen Beziehung $s_I = \sqrt{I}$,

B: nach der gleichen Beziehung unter Berücksichtigung eines experimentell aus zahlreichen Versuchen ermittelten Korrekturfaktors κ: $s_I = \sqrt{\kappa I}$,

C: aus einer Varianzfunktion, ermittelt durch Wiederholungsmessungen bei verschiedenen Gehalten,

D: aus dem Fehler des Ordinatenabschnitts der Kalibriergeraden $s_{I_{BL}}$ sowie

E: aus der Reststreuung der Kalibriergeraden.

Die am besten übereinstimmenden Ergebnisse lieferten Weg B mit $\kappa \approx 0{,}8$ und Weg D mit $s_I = 1{,}09 s_{I_{BL}}$, und zwar offenbar deshalb, weil sie der Varianzinhomogenität am besten Rechnung tragen. Allerdings wäre zu prüfen, ob das auch für höhere Gehalte, also zur Ermittlung von x_{EG} und x_{BG} noch gilt.

Anhand theoretisch abgeleiteter Gleichungen für die Fluoreszenzintensität und die Streustrahlung bei der TRFA zeigt SANCHEZ [1999], dass diese Technik gegenüber der klassischen RFA eine Verbesserung des Nachweisvermögens um etwa eine Größenordnung bringt, sofern die kritischen Schichtdicken überschritten werden, die je nach Matrix zwischen 1 nm und 1 µm liegen.

5.1.4.2
Radiometrie

Das für die praktische Analytik wichtigste Anwendungsfeld der Radiometrie ist die Mehrkanal-Gammaspektrometrie. Hier wird der das Nachweisvermögen begrenzende Spektrenuntergrund hauptsächlich durch Interferenzen anwesender Begleitelemente bestimmt und hängt demzufolge von deren Art und Eigenschaften (Halbwertsbreite, Halbwertszeit) ab sowie vom Auflösungsvermögen der Messeinrichtung.

Ausgehend von allgemeinen Überlegungen und Basisdefinitionen, die in den vorangegangenen Abschnitten erläutert wurden, sind Formalismen zur Ermittlung von Kenngrößen entwickelt worden, sie sowohl aufgabenspezifisch, als auch an eine spezielle Mess- und Auswertetechnik gebunden sind. Auf diese kann hier nur verwiesen werden. So leiteten beispielsweise PASTERNACK und HARLEY [1971] Gleichungen ab zur Ermittlung der γ-spektrometrischen Erfassungsgrenze für einzelne Nuklide in einem Mehrkomponentensystem, die auf dem Vergleich der gemessenen Impulshöhenverteilung mit Referenzspektren beruhen.

SCHULZE [1966] veröffentlichte zum gleichen Zweck eine bis zur γ-Energie 2,7 MeV reichende Tafel, welche die Verteilung in γ-Spektren auf beliebig liegende Kanäle wiedergibt, deren Ausdehnung jeweils gleich der entsprechenden Halbwertsbreite ist. Damit lassen sich Untergrundzählraten für beliebige Probenzusammensetzungen berechnen. BÖHM und SCHURICHT [1974] gaben Kriterien zur Beurteilung von Messeinrichtungen hinsichtlich der Nachweisgrenze bei der Bestimmung niedriger Aktivitäten an.

Nationale und internationale Empfehlungen und Vorgaben für Kenngrößen des Nachweisvermögens radiometrischer Messungen beruhen im Wesentlichen auf den Empfehlungen von CURRIE [1968]. Sie wurden unlängst von HURTGEN et al. [2000] unter dem Aspekt der inzwischen fortgeschrittenen Mess- und Rechentechnik neu diskutiert. Die Autoren plädieren dafür, vor allem im Zusammenhang mit Umweltkontrollen den Faktor, der das Signifikanzniveau vorgibt, exakt den jeweiligen Gegebenheiten und Erfordernissen anzupassen und anzugeben. Sie berücksichtigen den Fehler 1. und 2. Art und unterscheiden somit zwischen dem kritischen Messwert und der Erfassungsgrenze. Für Impulszahlen $I < 100$ empfehlen sie, die Unsicherheit auf Basis der Binominal- statt der POISSON-Verteilung zu schätzen.

5.1.5
Nichtlineare Kalibrierfunktionen

Nichtlineare Kalibrierfunktionen müssen zur Ermittlung der Kenngrößen durch Messwerttransformation linearisiert werden. Wegen der großen Anzahl von Parametern und modellspezifischen Randbedingungen sind dafür allgemeingültige Ansätze kaum zu finden. SCHWARTZ [1976, 1977, 1979, 1983] hat diese Problematik in mehreren Arbeiten behandelt und für einige Fälle Computerprogramme für numerische Lösungen erstellt. Dabei wird die Kalibrierfunktion durch Polynome dargestellt mit verschiedenen Ansätzen zur Berücksichtigung der Varianzinhomogenität. Allerdings ist die Zuverlässigkeit der verfeinerten Modellansätze schwer abzuschätzen, denn, abgesehen von der Gefahr systematischer Fehler durch Modellabweichungen, verändern Transformationen die Messwertverteilung und damit die für die Normalverteilung abgeleiteten Irrtumsrisiken.

Anstelle einer allgemeinen Gleichung zur Schätzung der Bestimmungsgrenze, oberhalb derer quantitative Analysen mit vorgegebener Präzision möglich sind (siehe Abschn. 2.4.3), schlägt SCHWARTZ [1983] vor, für Verfahren, denen eine nichtlineare Kalibration zu Grunde liegt, eine „effektive relative Standardabweichung" nach der Beziehung

$$\left(\frac{s_x}{x}\right)_{\text{eff}} = \frac{x_{\text{ob}} - x_{\text{u}}}{2xt_{1-\alpha,\nu}} \tag{5.21}$$

für konkrete Fälle zu ermitteln und aufzulisten. Dabei sind x_{ob} und x_{u} die obere bzw. untere Konfidenzgrenze des Ergebnisses x. Aus der entstehenden Tabelle kann dann der Gehalt, der mit der vorgegebenen Präzision gerade noch zu ermitteln ist, als „Bestimmungsgrenze" entnommen werden.

Auf ähnliche Weise versuchten YANG et al. [2005] generell Verfälschungen der ermittelten Kenngrößen durch Ausreißer und systematische Abweichungen auszuschließen.

Als charakteristische Beispiele für Analysenverfahren mit nichtlinearen Kalibrierfunktionen seien noch ein elektrochemisches und ein massenspektrometrisches Verfahren genannt.

LITEANU et al. [1976] behandelten die Ermittlung relevanter Kenngrößen für das Nachweisvermögen bei Nitratbestimmungen mittels ionenselektiver Membranelektroden. Das Membranpotential wächst zunächst linear mit der Konzentration, doch strebt die Kalibrierkurve im Bereich der in realen Messsystemen auftretenden Blindwertschwankungen (etwa bei Konzentrationen um 10^{-4} mol/L) einer Sättigung zu. Dadurch werden die Kenngrößen bei linearer Extrapolation wesentlich zu hoch geschätzt. Durch Linearisierung dieses Teils der Kalibrierfunktion mittels Transformation von $E = a + bp_x$ in

$$\log |E - u| = \log a + bp_x \tag{5.22}$$

E Elektrodenpotential, a Ordinatenabschnitt, b Anstieg der Kalibrierfunktion, p_x negativer dekadischer Logarithmus der Ionenkonzentration x, u eine aus Kalibrierdaten ermittelte Konstante, die den Kurvenverlauf im Übergangsgebiet beschreibt

ergab sich eine um den Faktor 52 niedrigere Erfassungsgrenze. Die Bestimmungsgrenze, hier nach der Beziehung $x_{BG} = x_{EG} + k_{BG}s_{BG}$ geschätzt, verbesserte sich um den Faktor 22.

Ein anderes Beispiel, bei dem die Nichtlinearität der Kalibrierfunktion das Nachweisvermögen verschlechtert, liefert die Isotopenverdünnungs-Massenspektrometrie (IDMS). Diese Technik der Massenspektrometrie gilt nahezu als Absolutmethode, die keiner experimentellen Kalibrierung bedarf, da sich bei Kenntnis der Isotopenzusammensetzung der Analytgehalt leicht berechnen lässt. Sie wird als eine der zuverlässigsten Methoden hinsichtlich Präzision und Richtigkeit angesehen. Vor der Analyse wird die Probe mit einer bekannten Menge des Analyten dotiert, in der ein bestimmtes Nuklid künstlich angereichert ist, das gleichsam als innerer Standard dient. Messgröße ist dann das Isotopenverhältnis, das nichtlinear vom zu bestimmenden Gehalt abhängt. YU et al. [2002] leiteten für diesen Fall auf Basis der bekannten Ansätze eine Gleichung für den kritischen Messwert bzw. die Nachweisgrenze nach dem 3σ-Kriterium ab, die das Isotopenverhältnis im Zusatz, R_p, enthält. Wählt man als Symbol, das sowohl ein Nettosignal als auch einen Gehalt repräsentieren kann, G (siehe Abschn. 3.2.1), so lautet die Beziehung in ihrer einfachsten Form

$$G_c = \frac{\sqrt{G_{A_c}^2 + R_p^2 G_{B_c}^2}}{|A_x - R_p B_x|}, \tag{5.23}$$

wobei bedeuten: A_x und B_x die natürlichen Anteile der Isotope A und B in der Analysenprobe, G_{A_c} und G_{B_c} die kritischen Messwerte bzw. Nachweisgrenzen bei Messung der Isotope A oder B sowie R_p das künstlich erzeugte Isotopenverhältnis im Zusatz.

Man erkennt, dass G_c mit wachsendem R_p absinkt und sich bei sehr hoher Anreicherung eines Nuklids dem der normalen Massenspektrometrie bei der Messung von A oder B asymptotisch annähert. Mit abnehmender Anreicherung verschlechtert sich das Nachweisvermögen beträchtlich, beim Zusatz einer bekannten Menge des Analyten ohne ein angereichertes Nuklid würde die Methode versagen, denn im Falle $R_p = A_x/B_x$ geht G_c gegen Unendlich. Yu et al. [2002] betonen, dass diese Zusammenhänge häufig nicht beachtet werden und deshalb mit dem empirischen Ansatz nach (5.23) das Nachweisvermögen der IDMS gelegentlich deutlich überschätzt wird, d.h. die Grenzen zu niedrig ermittelt werden.

Schließlich sei noch auf einen speziellen Ansatz zur Ermittlung der Kenngrößen für das Nachweisvermögen eines GC/MS-Kopplungsverfahrens zur Überwachung von gereinigtem Wasser in Bezug auf verbliebene flüchtige organische Verbindungen hingewiesen. LAVAGNINI et al. [2004] berücksichtigten dabei gezielt sowohl die Nichtlinearität der Kalibrierfunktion als auch die Varianzinhomogenität, indem sie die Kalibrierfunktion als Polynom 2. Grades darstellten und die Kenngrößen für den Nachweis und die quantitative Bestimmung der Analyte über Toleranzintervalle ableiteten.

5.2
Mehrkomponentenanalyse

5.2.1
Grundlagen

Einkomponentenanalysen gehen von einfachen linearen Kalibrationsmodellen aus, die in der folgenden Form angegeben werden können

$$y_A = y_{A0} + b_A x_A \, . \tag{5.24}$$

Dabei ist y_A die Signalgröße, die zur Analyse des Analyten A ausgewertet wird, y_{A0} der Achsenabschnitt (das Absolutglied, bedingt durch einen Blindwert bzw. eine Leeranzeige, die dem Blindwert des Signales y_A entspricht, $y_{A0} = y_{ABL}$) und b_A der Anstieg der Eichgeraden (also die Empfindlichkeit des Analysenverfahrens); x_A ist der Analytgehalt.

Auf Modelle, die Signalbeeinflussungen durch Störkomponenten J ($J = B...K$) berücksichtigen,

$$y_A = y_{A0} + b_{AA} x_A + b_{AB} x_B + \cdots + b_{AK} x_K \tag{5.25}$$

muss gelegentlich nach positiven Signifikanztests, z. B. als Ergebnis der Auswertung von Multifaktorexperimenten, zurückgegriffen werden. Hier stellen die Faktoren $b_{AJ} = \partial y_A / \partial x_J$ die partiellen Empfindlichkeiten dar (Quer- bzw. Störempfindlichkeiten), die die Signalbeeinflussung durch die Begleitkomponenten J charakterisieren. Allerdings ist durch die KAISERsche Forderung des „vollständigen" Analysenverfahrens implizit festgelegt, dass diese Beeinflussungen konstant sind ($b_{AJ}x_J = $ const). Sie können somit zum Blindwert hinzugefügt werden. Es ergibt sich damit ein durch konstante Interferenzen, also eine bestimmte Matrix, „beeinflusster Blindwert"

$$y_{A0_{infl}} = y_{A_{BL,infl}} = y_{A0} + \sum_{J=B}^{K} b_{AJ}x_J \,, \tag{5.26}$$

aus dem nach den im Kap. 3 angegebenen Beziehungen die Kenngrößen ermittelt werden können, im einfachsten Fall nach

$$y_{A_c} = \bar{y}_{A0_{infl}} + k_{1-\alpha}s_{y_{A0,infl}} \tag{5.27a}$$

$$y_{A_{EG}} = y_{A_c} + k_{1-\beta}s_{y_{A,c}} \,. \tag{5.27b}$$

Die Nachweis- und Erfassungsgrenzen als Analysenwerte ergeben sich entsprechend nach

$$x_{A_{NG}} = \frac{k_{1-\alpha}s_{y_{A0,infl}}}{b_{AA}} \tag{5.28a}$$

$$x_{A_{EG}} = \frac{2k_{1-\alpha}s_{y_{A0,infl}}}{b_{AA}} \,, \tag{5.28b}$$

falls die dort angeführten Voraussetzungen erfüllt sind ($\alpha = \beta, s_{y_{A,c}} \approx s_{y_{A0,infl}}$).

Für Mehrkomponentenanalysen, bei denen I Spezies ($I = $ A, B, ..., K) simultan bestimmt werden bzw. eine Komponente A in Begleitung von J Störkomponenten analysiert werden soll, hängt die Ermittlung der Kenngrößen von der Beschaffenheit der Signalfunktion und damit der Empfindlichkeitsmatrix B ab (KAISER [1972]). In Abb. 5.1 sind in Anlehnung an ECKSCHLAGER und DANZER [1994] sowie DANZER et al. [2004] unterschiedlich aufgelöste Signalfunktionen dargestellt, für die sich verschiedene Kalibrationsmodelle, Auswertestrategien und damit auch Bewertungsgrundlagen ergeben. Der in (a) dargestellte Fall vollständig selektiver Mehrkomponentenanalysen, beschrieben durch

$$y_A = y_{A0} + b_{AA}x_A$$
$$y_B = y_{B0} + b_{BB}x_B \,, \tag{5.30}$$
$$y_C = y_{C0} + b_{CC}x_C$$

bei dem keinerlei gegenseitige Beeinflussung stattfindet (alle $b_{AJ} = 0$), kommt in der analytischen Praxis nur bei wenigen Methoden vor. Er ist allgemein

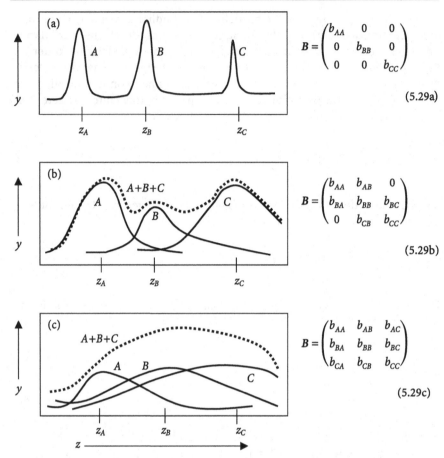

$$B = \begin{pmatrix} b_{AA} & 0 & 0 \\ 0 & b_{BB} & 0 \\ 0 & 0 & b_{CC} \end{pmatrix}$$

(5.29a)

$$B = \begin{pmatrix} b_{AA} & b_{AB} & 0 \\ b_{BA} & b_{BB} & b_{BC} \\ 0 & b_{CB} & b_{CC} \end{pmatrix}$$

(5.29b)

$$B = \begin{pmatrix} b_{AA} & b_{AB} & b_{AC} \\ b_{BA} & b_{BB} & b_{BC} \\ b_{CA} & b_{CB} & b_{CC} \end{pmatrix}$$

(5.29c)

Abb. 5.1. Auswertung von Mehrkomponentenanalysen für Signalfunktionen mit unterschiedlichen Signalüberlagerungen (nach Eckschlager und Danzer [1994]): **(a)** der selektive Fall, keine Überlappungen, **(b)** geringe Überlappungen und **(c)** stark überlagerte Signale, in Form von Spektren (*links*) und den relevanten Empfindlichkeitsmatrizen (5.29a), (5.29b) und (5.29c) (*rechts*); A, B, C unterschiedliche Spezies (Analyte), z_A, z_B, z_C Wellenlängen, bei denen die Intensitäten y_A, y_B und y_C gemessen werden

durch Empfindlichkeitsmatrizen analog zu (5.29a) charakterisiert

$$B = \begin{pmatrix} b_{AA} & 0 & \cdots & 0 \\ 0 & b_{BB} & \cdots & 0 \\ \vdots & \vdots & & \vdots \\ 0 & 0 & \cdots & b_{KK} \end{pmatrix},$$

(5.31)

bei denen nur die Diagonalen b_{II} von Null verschieden sind. Unter bestimmten Voraussetzungen können atomspektroskopische bzw. chromatographische

Verfahren derartige selektive Mehrkomponentenanalysen ermöglichen. Die Grenzwerte können dann unabhängig voneinander aus den jeweiligen Blind- bzw. Untergrundsignalen y_{I0} berechnet werden, wie z. B.

$$y_{I_c} = \bar{y}_{I0} + k_\alpha \cdot s_{\bar{y}_{I0}} \, . \tag{5.32}$$

Die weiteren Kenngrößen lassen sich analog zu den Beziehungen (5.27b), (5.28a) und (5.28b) ermitteln, wenn die mit den Komponenten $I = A, B, ..., K$ verbundenen Informationen unabhängig voneinander sind, also keine Korrelationen zwischen den verschiedenen Analyten existieren.

5.2.2
Multiple Entscheidungen

In der analytischen Praxis sind die Gehalte der untersuchten Analyte selten unkorreliert, also unabhängig voneinander. Meist gibt es Beziehungen zwischen den Gehalten der verschiedenen Komponenten, sei es durch gemeinsames Vorkommen in der Natur (geochemische Verwandschaft, z. B. in Erzen, Luftstäuben), zusammenhängende Anreicherungsprozesse in natürlichen Produkten (Aromastoffen in Früchten und Weinen) oder technischen Erzeugnissen (Legierungsbestandteilen in Stählen), oder auch durch Abbau bzw. Metabolismus in Naturstoffen, -produkten oder -prozessen (Stoffwechsel). Ein augenfälliges Beispiel für Vergesellschaftungen von Elementen ist das „Muster" der Seltenerdmetalle (Lanthaniden), das gelegentlich als „Fingerprint" für Vorgänge in Natur und Technik genutzt wird (siehe z. B. ROBINSON et al. [1958], EVERSON et al. [1978], JOHNSON [1980]).

Dem Analytiker stehen heute selektive Methoden zur Verfügung, mit denen er simultan die Signale vieler Komponenten gut aufgelöst erkennen und quantitativ auswerten kann (Fall (a) in Abb. 5.1), z. B. CGC, GC-MS, ICP-OES, ICP-MS, ggf. mit hochauflösenden Geräten. Rein auswertetechnisch können die Kenngrößen also entsprechend (5.27a), (5.27b), (5.28a), (5.28b) bzw. (5.32) ermittelt werden. Allerdings sind im Falle korrelierter Analytgehalte die Irrtumsrisiken für die einzelnen Komponenten nicht unabhängig voneinander, sondern ergeben sich (im ungünstigsten Fall) nach der Beziehung

$$\alpha_{\text{ges}} = 1 - \prod_{i=1}^{k} (1 - \alpha_i) \quad \text{bzw.} \quad \beta_{\text{ges}} = 1 - \prod_{i=1}^{k} (1 - \beta_i) \, , \tag{5.33}$$

wobei α_{ges} und β_{ges} die resultierenden Gesamtirrtumsrisiken für den Fehler erster bzw. zweiter Art sind, wenn α_i und β_i die entsprechenden Risiken für die k einzelnen Komponenten darstellen (siehe z. B. CURRIE [1988]). Für die üblichen Werte $\alpha_i = \beta_i = 0,05$ bzw. 0,01 erhöhen sich die totalen Irrtumsrisiken α_{ges} bzw. β_{ges} für eine zunehmende Anzahl von Komponenten entsprechend Tab. 5.1.

Tabelle 5.1. Gesamtirrtumsrisiken aus der Fortpflanzung der Einzelrisiken

$k =$	2	3	4	5	10	15
α_i bzw. $\beta_i = 0,05$	0,10	0,14	0,19	0,23	0,40	0,53
α_i bzw. $\beta_i = 0,01$	0,02	0,03	0,04	0,05	0,10	0,14
α_i bzw. $\beta_i = 0,005$	0,01	0,015	0,02	0,025	0,05	0,07

Dieser Tatsache sollte durch Annahme einer ungewöhnlich hohen statistischen Sicherheit $P = 1 - \alpha$ Rechnung getragen werden. Anhaltspunkte dafür kann Tab. 5.1 liefern.

Diese Probleme ergeben sich hauptsächlich aus der Interpretation der Analysenergebnisse in Bezug auf praktische Fragestellungen. Zusätzliche Schwierigkeiten entstehen, wenn die Selektivität des Analysenverfahrens (KAISER [1972], DANZER [2001]) abnimmt und in zunehmenden Maße Signalüberlagerungen auftreten.

5.2.3
Multivariate Kenngrößen

Wenn sich, wie in Abb. 5.1b schematisch dargestellt, Signale nur leicht überlagern, kann die Auswertung mittels multipler linearer Kalibration erfolgen. Voraussetzung dafür ist, dass sich die Signalintensitäten additiv verhalten und die Signalmaxima jeder Komponente in der Position z_I unverfälscht gemessen werden können. Da letzteres nie als völlig gesichert angesehen werden kann (siehe auch Abb. 5.1b), nutzt man häufig multivariate Kalibrationsmodelle anstelle multipler und geht damit von dem mathematisch vollständig bestimmten Gleichungssystem

$$
\begin{aligned}
y_A &= y_{A0} + b_{AA}x_A + b_{AB}x_B + \cdots + b_{AK}x_K \\
y_B &= y_{B0} + b_{BA}x_A + b_{BB}x_B + \cdots + b_{BK}x_K \\
\vdots \quad & \quad \vdots \qquad \vdots \qquad \vdots \qquad\qquad \vdots \\
y_K &= y_{K0} + b_{KA}x_A + b_{KB}x_B + \cdots + b_{KK}x_K
\end{aligned}
\qquad (5.34a)
$$

in Matrixdarstellung

$$
y_{(K\times 1)} = B_{(K\times K)}x_{(K\times 1)} + y_{0(K\times 1)}, \qquad (5.34b)
$$

zu überbestimmten Gleichungssytemen über. Das bedeutet, dass sehr viel mehr Messpunkte (P) als Komponenten (K) in die Kalibration und Auswertung einbezogen werden. Davon macht man insbesondere bei spektrometrischen Ein- und Mehrkomponentenanalysen Gebrauch (Multiwellenlängenspektrometrie), da multivariate Kalibriermodelle einmal die Berücksichtigung aller

Einflusskomponenten gestatten, zum anderen auch die Behandlung von Kollinearitäten (gegenseitige lineare Abhängigkeiten zwischen den Variablen, vom analytischen Standpunkt also Korrelationen zwischen verschiedenen Analytgehalten).

Anstelle der Gleichungen (5.34a) verwendet man also das überbestimmte Gleichungssystem

$$
\begin{aligned}
y_A &= y_{A0} + b_{AA}x_A + b_{AB}x_B + \cdots + b_{AK}x_K \\
y_B &= y_{B0} + b_{BA}x_A + b_{BB}x_B + \cdots + b_{BK}x_K \\
&\;\vdots \qquad \vdots \qquad \vdots \qquad \vdots \qquad\qquad \vdots \\
y_P &= y_{P0} + b_{PA}x_A + b_{PB}x_B + \cdots + b_{PK}x_K
\end{aligned}
\tag{5.35a}
$$

in Matrixschreibweise

$$
y_{(P\times 1)} = B_{(P\times K)}x_{(K\times 1)} + y_{0(P\times 1)} \, ,
\tag{5.35b}
$$

wobei $y_{(P\times 1)}$ den P-dimensionalen Signalwertvektor (der z. B. ein ganzes Spektrum mit P Messstellen repräsentiert) darstellt, $B_{(P\times K)}$ die $P \times K$-Matrix der Empfindlichkeiten (einschließlich der partiellen Empfindlichkeiten), $x_{(K\times 1)}$ den K-dimensionalen Vektor der Analytkonzentrationen sowie $y_{0(P\times 1)}$ den P-dimensionalen Vektor der Blindsignale an den P Messstellen. Für die Messung von N Kalibrierstandards erhält man die Matrixgleichung

$$
Y_{(P\times N)} = B_{(P\times K)}X_{(K\times N)} + Y_{0(P\times N)}
\tag{5.36}
$$

mit $Y_{(P\times N)}$ als Matrix der Kalibrationssignalwerte (repräsentiert z. B. durch N Spektren), $X_{(K\times N)}$ als Matrix der Kalibrierkonzentrationen und $Y_{0(P\times N)}$ als Matrix der Blindsignale; $B_{(P\times K)}$ ist wieder die $P \times K$-Matrix der Empfindlichkeiten.

Die Ermittlung der unbekannten Analytkonzentrationen erfolgt durch Auflösung der Gleichung (5.35b) nach x

$$
x = B^+(y - y_0) \, ,
\tag{5.37}
$$

wobei B^+ die Pseudoinverse (MOORE-PENROSE-Inverse) der Empfindlichkeitsmatrix entsprechend $B^+ = (B^T B)^{-1}B^T$ bezeichnet (siehe dazu z. B. FRANK und TODESCHINI [1994]).

Wegen des multivariaten Charakters der Mehrkomponentenanalyse und damit der Korrelation der verschiedenen Spezies untereinander lassen sich Nachweiskriterien nicht auf klassischem Wege berechnen. Die nichttrivialen multivariaten Modelle (meist PCR, Principal Component Regression, bzw. PLS, Partial Least Squares, siehe z. B. FRANK und TODESCHINI [1994], LORBER et al. [1986]) und der mit ihnen verbundene Rechenaufwand bedingen im Gegensatz zu den einfachen Regressionsmodellen der Analyse einzelner Komponenten nach (5.24) die Ermittlung relativ aufwendiger Fehlerfortpflanzungsmodelle.

LORBER [1986] hat dieses Problem für den homoskedastischen Fall dargestellt und BAUER et al. [1991] haben, darauf aufbauend, Nachweisgrenzen für die multivariate Kalibration im Falle heterogener Varianzen abgeleitet.

Ausgehend von (5.36) und (5.37) leiteten BAUER et al. [1991] folgende Fehlerfortpflanzung für den Gehaltsvektor her

$$\mathrm{d}x = - B^+(\mathrm{d}Y - \mathrm{d}Y_0)X^+x + \mathrm{d}XX^+x + B^+(\mathrm{d}y - \mathrm{d}y_0)\,, \tag{5.38}$$

wobei die mit d verbundenen Größen Fehlervekoren bzw. -matrizen darstellen. Daraus lassen sich die Varianzen $s_{x_k}^2$ der einzelnen Gehalte x_k ermitteln

$$s_{x_k}^2 = \sum_{p=1}^{P} \sum_{n=1}^{N} \sum_{k=1}^{K} (B^+X^+x)^2(s_Y^2 + s_{Y_0}^2)$$
$$+ \sum_{n}^{N}\sum_{k}^{K}(X^+x)^2 s_X^2 + \sum_{p}^{P}(B^+)^2(s_y^2 + s_{y_0}^2)\,. \tag{5.39}$$

Eine ausführliche mathematische Ableitung ist in BAUER et al. [1992] angegeben. Mit Hilfe dieser Varianzen lassen sich analog zum univariaten Fall entsprechend (5.27) die Nachweisgrenzen $x_{k_{\mathrm{NG}}}$ für die k Analyten berechnen, und zwar auf der Grundlage der kritischen Werte der Nettosignale $y_{\mathrm{net}_{k,c}}$, deren Vektor im letzten Term von (5.40b) als $y_{k,c}$ bezeichnet ist

$$x_{k_{\mathrm{NG}}} = u_\alpha \cdot s_{x_k} \tag{5.40a}$$

$$x_{k_{\mathrm{NG}}} = u_\alpha \cdot \sqrt{\begin{array}{l} \displaystyle\sum_{p=1}^{P} \sum_{n=1}^{N} \sum_{k=1}^{K} (B^+X^+x)^2(s_Y^2 + s_{Y_0}^2) \\ + \displaystyle\sum_{n}^{N}\sum_{k}^{K}(X^+x)^2 s_X^2 + \sum_{p}^{P}(B^+)^2(s_{y_{k,c}}^2 + s_{y_0}^2) \end{array}}\,. \tag{5.40b}$$

In noch stärkerem Maße als bei Einzelkomponentenanalysen hängen die geschätzten Kenngrößen von der Probenzusammensetzung ab. Das gilt sowohl für die Kalibrierproben- als auch für die reale Probenzusammensetzung. Außerdem sind die Kenngrößen bei überbestimmten Gleichungssystemen, wie sie bei multivariaten Kalibrierungen typisch sind und wie sie vor allem für Spektrenauswertungen angewendet werden, abhängig von der Art und der Anzahl der Messstellen, also der Wellenlängenauswahl.

Wie auch im univariaten Fall, muss das Kalibrationsmodell in der unmittelbaren Nähe der Grenzwerte erstellt werden. Da das in der Praxis kaum realisierbar ist, muss zumindest die Fehlerfortpflanzung auf rekursivem Wege erfolgen, indem die in (5.40b) enthaltenen Terme mit Gehaltsvektoren x zunächst für Startwerte $x_{k,0} = 0$ bestimmt und die weiteren Berechnungen mit den erhaltenen Schätzungen fortgesetzt werden ($x_{k_{\mathrm{NG}}} \approx x_{k,0}$). Obwohl BAUER et al. [1991, 1992] im Rahmen ihrer Arbeiten durch umfangreiche ICP-OES-Untersuchungen experimentell bestätigen konnten, dass die nach (5.39) ermittelten Varianzen sehr gut mit den aus Wiederholexperimenten erhaltenen Werten übereinstimmten, weisen sie darauf hin, dass auf diese Weise beträchtliche Schätzfehler für die Kenngrößen auftreten können und empfehlen Wege für extensivere Rekursionsrechnungen. Die Autoren zeigen auch, dass die Kenngrößen für multivariate Kalibrationen im Falle einer Komponente ($K = 1$) und eines einzelnen Signalwertes ($P = 1$) in eine Form überführbar sind, die (5.27), also der univariaten Kenngrößenermittlung, entspricht (Abschn. 5.2.1).

Die Grenzwerte nach (5.40b) berücksichtigen nur den Fehler 1. Art, also das Irrtumsrisiko α und entsprechen damit der univariaten Kenngröße *Nachweisgrenze*.

Eine Verallgemeinerung unter Einbeziehung des Fehlers 2. Art mit dem Irrtumsrisiko β wurde von FABER und KOWALSKI [1997] auf der Grundlage des allgemeinen Ansatzes (5.28) durchgeführt. Sie zeigten, dass Ausdruck (5.39), in ihrer Formulierung

$$s_{\hat{x}_k}^2 = \sum_{p=1}^{P} (B^+)^2 \left(s_y^2 + s_{y_0}^2 + \sum_{n=1}^{N} \sum_{k=1}^{K} (X^+x)^2 (s_Y^2 + s_{Y_0}^2) + \sum_{n}^{N} \sum_{k}^{K} (X^+x)^2 s_X^2 \right)$$

(5.41)

eine Reihe von mathematischen und praktisch-analytischen Problemen in sich birgt. Letztere bestehen u. a. darin, dass zur sicheren Ermittlung der Standardabweichungen zusätzliche Wiederholungsmessungen durchzuführen sind.

Eine elegantere Lösung ergibt sich bei der Annahme homoskedastischer Fehler

$$s_{\hat{x}_k}^2 = (B^T B)^{-1} \left(s_y^2 + s_{y_0}^2 + x^T (X^T X)^{-1} x \cdot (s_Y^2 + s_{Y_0}^2) \right) + x^T (X^T X)^{-1} x \cdot s_X^2 \, .$$

(5.42)

Zur Ermittlung multivariater Kenngrößen unter Berücksichtigung der Fehler 1. und 2. Art präzisierten FABER und KOWALSKI [1997] die Beziehungen zur Ermittlung der benötigten „Blindwert"-Varianzen $s_{0,k}^2$ in folgender Weise

$$s_{0,k}^2 = \sum_{p=1}^{P} (B^+)^2 \left(s_{y|H_0}^2 + s_{y_0|H_0}^2 + \sum_{n=1}^{N} \sum_{k=1}^{K} (X^+x)^2 (s_Y^2 + s_{Y_0}^2) \right.$$
$$\left. + \sum_{n}^{N} \sum_{k}^{K} (X^+x)^2 s_X^2 \right) \, ,$$

(5.43)

wobei $s_{y|H_0}$ und $s_{y_0|H_0}$ die Standardabweichungen der Schätzung von y und y_0 bei Gültigkeit der Nullhypothese H_0, also unter Berücksichtigung des Fehlers

1. Art, sind. Daraus ergibt sich als multivariate Nachweisgrenze

$$x_{k_{NG}} = u_\alpha \cdot s_{0,k} \cdot \tag{5.40a'}$$

Die multivariate Erfassungsgrenze ergibt sich unter Berücksichtigung des Fehlers 2. Art entsprechend

$$x_{k_{EG}} = x_{k_{NG}} + u_\beta \cdot s_{A,k} \tag{5.44}$$

mit

$$s_{A,k}^2 = \sum_{p=1}^{P} (\boldsymbol{B}^+)^2 \left(s_{y|H_A}^2 + s_{y_0|H_A}^2 + \sum_{n=1}^{N} \left((\boldsymbol{X}^+ x_{k_{EG}})^2 + \sum_{k=1}^{K} (\boldsymbol{X}^+ \boldsymbol{x})^2 \right) (s_Y^2 + s_{Y_0}^2) \right.$$
$$\left. + \sum_{n}^{N} \left((\boldsymbol{X}^+ x_{k_{EG}})^2 + \sum_{k}^{K} (\boldsymbol{X}^+ \boldsymbol{x})^2 \right) s_X^2 \right) \cdot \tag{5.45}$$

Da (5.45) die Erfassungsgrenze selbst enthält, erfordert die Ermittlung von $s_{A,k}^2$ wiederum eine iterative Lösung, wobei zweckmäßigerweise von $x_{k_{EG}} = 0$ ausgegangen werden kann. Unter der Annahme bestimmter, hier nicht näher auszuführender Randbedingungen und Hilfsgrößen leiten FABER und KOWALSKI [1997] auch eine geschlossene Lösung zur Ermittlung der multivariaten Erfassungsgrenze ab, für die sich im Falle $u_\alpha = u_\beta$, von dem praktisch häufig ausgegangen wird, ergibt

$$x_{k_{EG}} = (u_\alpha + u_\beta) s_{0,k} \cdot \tag{5.46}$$

Da es sich um Gehalte handelt, die aus Nettosignalen, also blindwertkorrigierten Messwerten bestimmt werden, entspricht (5.46) im Wesentlichen der univariat definierten Erfassungsgrenze ((2.5) in Abschn. 2.1.1).

6 Konsequenzen aus der statistischen Entscheidungstheorie

6.1
Auswertung abgeschnittener Verteilungen

Die klassische Interpretation von Analysenergebnissen anhand der Kenngrößen, deren Ermittlung und Verwendung in Kap. 3 ausführlich dargestellt wurde, erlaubt für Messwerte $y_i < y_c$ nur die Aussage „Analyt nicht nachgewiesen" („not detected", „ND") mit zusätzlicher Angabe der Erfassungsgrenze als dem möglichen Höchstgehalt. CURRIE [1997, 1988] wies aber darauf hin, dass man bei dieser Vorgehensweise im Analysenergebnis enthaltene Informationen verschenkt. Diese kann man jedoch nutzen, wenn man entweder

- die analytische Aussage auf die konkrete Aufgabenstellung bezieht, z. B. hinsichtlich der geforderten Präzision (bis hin zur Akzeptanz einer Ja/Nein-Binäraussage), und die Irrtumsrisiken α und β problemgerecht wählt, oder
- zur Ergebnisinterpretation Informationen über den Analysenprozess nutzt, die in den aus den Wiederholungsversuchen gewonnene statistischen Daten nur implizit enthalten sind. Unter Bezugnahme auf nationale und internationale Dokumente und Vereinbarungen (z. B. ISO [1993], IUPAC [1998]) betont CURRIE [2004] die gegenwärtig allgemein anerkannte Notwendigkeit, alle experimentell gewonnenen Daten unter Beachtung ihrer Unsicherheit zu nutzen, verweist jedoch auch auf die Gefahren und Folgen von Fehlinterpreationen (siehe Abschn. 6.2).

Mathematisch geht es darum, Informationen aus Messwerten im „*Bereich der unsicheren Reaktion*" (EMICH [1910]) zwischen Blindwert $\bar{y}_{BL}$ und Messwert an der Erfassungsgrenze y_{EG} zu gewinnen. Deren Verteilung wird, wie aus Abb. 2.1 in Abschn. 2.1.1 ersichtlich, durch den kritischen Messwert y_c abgeschnitten, der wiederum durch die Blindwertverteilung und das gewählte Irrtumsrisiko α bedingt ist. Es lässt sich also z. B. durch Absenken von y_c die Nachweiswahrscheinlichkeit $(1 - \beta)$ zu Lasten von α erhöhen. Zum anderen ermöglicht es die Wahrscheinlichkeitstheorie, die Unsicherheit von Aussagen in diesem Bereich quantitativ zu erfassen und damit optimale Entscheidungen im Sinne der Aufgabenstellung herbeizuführen (siehe dazu z. B. SACHS [1992, Abschn. 12]). Die Entscheidungstheorie befasst sich generell mit der Ableitung optimaler Entscheidungen auf der Basis statistischer Tests (SACHS [1992, Abschn. 14], FRANK et al. [1981A,B]).

Eine Möglichkeit zur Verwertung von Signalen $y_i < y_c$ auf Basis der Entscheidungstheorie ist die Ermittlung von Konfidenzgrenzen abgeschnittener Verteilungen mittels der *bedingten Wahrscheinlichkeit* nach dem Bayesschen Theorem (siehe dazu z. B. Sachs [1992, Abschn. 124]).

Unter der bedingten Wahrscheinlichkeit $P_E(A)$ des Ereignisses A versteht man die Wahrscheinlichkeit des Eintritts von A unter der Bedingung, dass das Ereignis E bereits eingetreten ist. Es gilt

$$P_E(A) = \frac{P(A) \cdot P_A(E)}{P(E)} , \tag{6.1}$$

wobei $P(A)$ bzw. $P(E)$ die unbedingten oder totalen Wahrscheinlichkeiten für das Auftreten von A bzw. E darstellen. Existiert nun nicht nur **ein** mögliches Ereignis A, sondern eine Reihe sich gegenseitig ausschließender Ereignisse $A_1, A_2, ..., A_k$, die auch die allein möglichen Ereignisse sind, so lässt sich die totale Wahrscheinlichkeit $P(E)$ ausdrücken durch die Beziehung

$$P(E) = \sum_{j=1}^{k} P(A_j) \cdot P_{A_j}(E) . \tag{6.2}$$

Durch Einsetzen von (6.2) in (6.1) erhält man die als Bayessches Theorem bekannte Beziehung

$$P_E(A) = \frac{P(A_j) \cdot P_{A_j}(E)}{\sum_{j=1}^{k} P(A_j) \cdot P_{A_j}(E)} . \tag{6.3}$$

Im vorliegenden Fall besteht das Ereignis A darin, dass sich der wahre Wert x in einem Intervall dx in der Nähe des aktuellen Wertes von x_i befindet, und das Ereignis E darin, dass sich der zugehörige Messwert y in einem Intervall dy in der Nähe von y_i liegt. Bezeichnet man nun die Verteilung der wahren Werte in der Probe, die ganz unabhängig von der Analyse vorliegt, als a-priori-Verteilung $P(x)$ und die Verteilung der Messwerte um einen wahren Wert (zu ermitteln durch Wiederholversuche) als Messwertverteilung $P(y)$, so ergibt sich die bei der Analyse resultierende Verteilung realer Ergebnisse, also die a-posteriori-Verteilung, nach der Beziehung

$$P_y(x) = \frac{P(x) \cdot P_x(y)}{P(y)} . \tag{6.4}$$

Wenn x und y stetige Zufallsvariable sind, die alle Werte zwischen $-\infty$ und $+\infty$ annehmen können, lassen sich die Wahrscheinlichkeiten durch die ent-

sprechenden Dichtefunktionen (siehe (2.1)) ausdrücken und im Nenner von
(6.4) steht dann

$$P(y) = \int\limits_{-\infty}^{+\infty} P(x) \cdot P_x(y) \, dy \,. \tag{6.4a}$$

Das Wesentliche am BAYESschen Ansatz, bezogen auf die hier vorliegende Problematik, ist also, dass er gestattet, eine mögliche Abhängigkeit der für die
Ergebnisinterpretation benötigten a-posteriori-Verteilung von der a-priori-
Verteilung des Analyten in der Probe zu berücksichtigen. Diese Abhängigkeit
kann – wie es üblicherweise geschieht – vernachlässigt werden, wenn die wahren Werte alle gleichverteilt sind, d. h. einer Rechteckverteilung unterliegen,
und der zu bestimmende Gehalt hinreichend weit von den Rändern der Verteilung entfernt ist.

Hat man aber Grund zu der Annahme, dass eine der folgenden Situationen
vorliegt, ermöglicht die Berücksichtigung der a-priori-Information über die
Verteilung der wahren Werte die vollständigere Ausschöpfung des Informationsgehaltes der Analysenergebnisse, was den Analytiker gegebenenfalls vor
falschen Interpretationen bewahren kann. Solche Situationen können darin
bestehen,

– dass die zu messende Größe nur wenige diskrete Werte annehmen kann,
  etwa wegen der stöchiometrischen Zusammensetzung einer Verbindung,
  oder
– dass die zu messenden Parameter eines natürlichen oder technischen Pro-
  duktes auf Grund der bekannten Entstehungsbedingungen einer anderen,
  z. B. einer Normal- oder Lognormal-Verteilung unterliegen und/oder
– dass die Messungen an der Grenze einer Verteilung erfolgen.

Ein Beispiel ist die Ermittlung einer oberen Konfidenzgrenze zur Angabe eines
möglichen Höchstgehaltes aus Messwerten $y_i < y_c$, die unterhalb der zu diesem
Zweck meist verwendeten Erfassungsgrenze, aber deutlich oberhalb des Wertes
liegen, den man bei der Berechnung des Unsicherheitsintervalls nach (3.39)
erhält, die nur für Messwerte $y_i \geq y_c$ angewendet werden darf.

Modellrechnungen von EHRLICH [1973, 1978] unter Anwendung der BAYES-
schen Formel mit der a-priori-Information $x \geq 0$ ergaben für den Fall der spek-
trophotometrischen Manganbestimmung einen garantierbaren Höchstgehalt
von 7 ng/mL, während die Erfassungsgrenze bei 20 ng/mL lag. Aus der oberen
Konfidenzgrenze zum gefundenen Messwert $y_i < y_c$ ergibt sich ohne Berücksichtigung der Verteilung der wahren Werte der Höchstgehalt in der Probe zu
3,3 ng/mL. Gleichzeitig liefert die BAYESsche Beziehung mit den oben angegebenen a-priori-Bedingungen aus der unteren Konfidenzgrenze von $y_i < y_c$
stets einen Mindestgehalt $x_{min} \geq 0$, was z. B. für die Mindestgehaltsgarantie
bei Erz- oder Edelmetallanalysen wichtig sein kann.

Formeln zur Berechnung von Grenzwerten der a-posteriori-Verteilung unter Berücksichtigung der Verteilung der wahren Werte und der Messwertverteilung wurden von EHRLICH [1973] auch für die Kombination Rechteck-/Lognormal-Verteilung abgeleitet sowie für den Fall, dass beide Verteilungen logarithmisch-normal sind. Der relativ große Rechenaufwand ist nach entsprechender Programmierung heute leicht zu bewältigen. Praktische Bedeutung kann die Berücksichtigung der a-priori-Verteilung nicht nur an der Grenze der Nachweisbarkeit erlangen, sondern auch für analytische Bestimmungen nahe einer definierten Obergrenze der wahren Werte, etwa 100%, die Untersuchung inhomogenen Materials bzw. von Substanzen definierter Zusammensetzung sowie auch für Fälle, in denen der Analyt aus erkennbaren Gründen nicht gleichverteilt sein kann.

Das Bayessche Theorem hat aber weit über dieses Anwendungsbeispiel hinaus Bedeutung, weil es generell Möglichkeiten eröffnet, Wahrscheinlichkeitsaussagen nicht nur auf der Basis statistischer Beobachtungen zu treffen, sondern auch vorher bekannte Fakten (a-priori-Informationen) über das Beobachtungsobjekt mit zu verwerten. Jedoch kann die mathematisch exakte und zutreffende Formulierung dieser Informationen durchaus Schwierigkeiten bereiten. Im vorliegenden Zusammenhang gelangte SPIEGELMAN [1997] im Rahmen grundsätzlicher mathematischer Betrachtungen zu den Grenzwerten y_c und x_{EG} und deren Anwendbarkeit für Alternativaussagen im Umweltschutz und in der physiologischen Chemie aus Sicht der statistischen Entscheidungstheorie ebenfalls zum Bayesschen Ansatz.

MICHEL [2000] verweist auf einen Ansatz von WEISE [1998], der es gestattet, mit Hilfe des BAYESschen Theorems alle bekannten experimentellen Unsicherheiten nuklearer Analysenmethoden bei Ermittlung von kritischem Messwert, Erfassungsgrenze und Konfidenzintervallen einzubeziehen. Diese Möglichkeit findet Eingang in Neubearbeitungen von nationalen und internationalen Normen (DIN 25482 [2000–2003], ISO 11929 [2000]) und unterscheidet zwischen

- der vollständigen Bewertung der Messunsicherheit nach dem ISO Guide (ISO [1993], EURACHEM [1995, 1998]) und
- der Bestimmung charakteristischer Grenzwerte unter Einbeziehung der vollständigen Standardunsicherheit.

Im folgenden Abschnitt wird auf den BAYESschen Ansatz im Zusammenhang mit Screening-Tests eingegangen. Ausführlich wird diese Problematik auch von ELLISON et al. [1998] behandelt.

Auch unabhängig von Reinheitsgarantie oder Grenzwertüberwachung ist es zur vollständigen Verwertung von Messergebnissen sinnvoll, abgeschnittene Verteilungen zu rekonstruieren, um deren Parameter (z. B. Median, Dispersion) möglichst biasfrei zu schätzen und gegebenenfalls für weitere statistische Untersuchungen, wie Mittelwerts- oder Streuungsvergleiche, zu nutzen.

Oft ersetzt man zu diesem Zweck Messwerte unterhalb des kritischen Messwertes y_c durch einen konstanten Wert oder – besser – durch zufällig verteilte Werte zwischen Blindwert und y_c. Diese Verfahrensweise wurde im

Zusammenhang mit der multivariaten Datenanalyse von Umweltdaten (siehe Abschn. 5.2) von Aruga [1997] getestet und diskutiert, und zwar für den Fall der simultanen Erfassung mehrere Spezies. Dieses Vorgehen erweist sich als effektiver als der Ersatz der „Kleiner-als-Werte" durch Werte, die mit Hilfe der mathematischen Hauptkomponentenanalyse ermittelt wurden.

Nielson und Rogers [1989] entwickelten ein Verfahren zur Rekonstruktion abgeschnittener Häufigkeitsverteilungen von Gehalten unterhalb der Erfassungsgrenze durch Linearisierung. Sofern die Verteilungen sich durch eine Normal- oder eine logarithmisch-normale Verteilung annähern lassen, entstehen nach Transformation durch lineare Regression Gerade, die sich nur durch einen „Verteilungsindex" d unterscheiden. In verwertbaren Fällen liegt d zwischen $-0{,}5$ und $+1{,}5$, wobei $d = 0$ der logarithmisch-normalen und $d = 1$ der Normalverteilung entspricht. Der Anstieg der Geraden repräsentiert die Standardabweichung, der Ordinatenabschnitt an der Stelle $p(y) = 0{,}5$ den Median der Verteilung. Messwerte y_i lassen sich in normalverteilte $y_{N,i}$ transformieren nach der Beziehung

$$y_{N,i} = \bar{y}\left(1 + \frac{(y_i/\bar{y})^d - 1}{d}\right) . \tag{6.5}$$

Nach der Transformation lassen sich benötigte abgeschnittene und interessierende Konfidenzintervalle ermitteln und durch Inversion von (6.5) rücktransformieren. Die Konfidenzbereiche der „rekonstruierten" Werte wachsen mit dem Anteil der abgeschnittenen Messwerte und mit dem Abstand vom Median. Bei Verteilungen mit geringer Dispersion liefert auch die logarithmischnormale anstelle dieser numerisch definierten Verteilung brauchbare Ergebnisse.

Für aktivierungsanalytische Arsenbestimmungen, bei denen die Standardabweichung von Einzelbestimmungen durch die Poisson-Verteilung gegeben ist (siehe Abschn. 5.1.4), erprobten Heydorn und Wanscher [1978] mehrere Wege zur Hypothesenprüfung mit Messergebnisen aus abgeschnittenen Verteilungen (verteilungsfreie Tests, Annahme der Normalverteilung, spezielle Variante des χ^2-Tests). Dabei erwies sich die Verwendung von Vorinformationen als vorteilhaft gegenüber verteilungsfreien Tests, wobei diese aber im Zweifelsfalle angewendet werden sollten.

Eine besondere Betrachtung erfordern Ergebnisse der Röntgenfluoreszenzanalyse (als TRFA), wenn man für jede Messung y_c aus $3\sqrt{I_U}$ ermittelt (I_U ist die Zählrate des Untergrundes) und darunter liegende Messergebnisse zunächst verwirft. Man kann dann mittel der „Verteilung der kritischen Messwerte" die abgeschnittene Messwertverteilung rekonstruieren und deren Mittelwert als hinreichend zuverlässigen Messwert betrachten (Kubala-Kukús et al. [2001]). Näheres zu den speziellen Nachweisproblemen bei Zählverfahren siehe Abschn. 5.1.4.

6.2
Verwertung analytischer Binäraussagen

6.2.1
Begriffe und Modelle

Der wachsende Bedarf an analytischen Untersuchungen im Zusammenhang
mit der Schadstoffüberwachung in verschiedenen Umweltbereichen, aber auch
an Bewertungen der Ergebnisse von Synthesen nach kombinatorischen Prinzipien, vor allem in der Wirkstoffforschung, erfordert Verfahren zur rationellen Kontrolle der Einhaltung vorgegebener Grenzwerte. Dazu eignen sich
sogenannte *Screening-Techniken,* die mit vertretbaren Aufwand aus großen
Probenmengen bestimmte Proben zur näheren Untersuchung aussondern
oder auch bei Grenzwertüberschreitungen andere Aktivitäten („Alarm") auslösen können. Häufig werden solche Anforderungen durch Analysenverfahren erfüllt, die anstelle *quantitativer* Gehaltsangaben *qualitative* Aussagen,
d. h. Ja/Nein-Entscheidungen, hinsichtlich des Überschreitens vorgegebener
Grenzwerte liefern.

Es scheint jedoch unpräzise, deshalb generell von „qualitativen Analysenverfahren" zu sprechen, wie das oft geschieht (z. B. PULIDO et al. [2002],
TRULLOLS et al. [2004]), weil dieser Begriff auch andere, zum Teil einander
widersprechende Deutungen zulässt. Früher wurde damit allgemein der Unterschied zwischen Analysentechniken zum Ausdruck gebracht, die einerseits
sensuelle Beobachtungen nutzen, zum anderen mittels Messgeräten erfolgen.
Dabei wurde unwillkürlich impliziert, die erstgenannten könnten nur die Anwesenheit feststellen, die anderen jedoch die Menge (Masse oder Konzentration) des bzw. der gesuchten Analyten bestimmen. Das ist jedoch aus heutiger
Sicht in zweifacher Hinsicht unzutreffend, zum einen,

– weil mit einem qualitativen Test immer auch ein quantitativer Aspekt verbunden ist, sei es auch nur in Gestalt der Ansprechschwelle, zum anderen
– weil heute auch „rein qualitative" Untersuchungen zur Identifizierung von
  Substanzen bzw. Stoffgemischen mit erheblichem apparativen und auswertetechnischen Aufwand betrieben werden.

Die Informationsmengen, die zur Stoffidentifizierung benötigt werden, können die von quantitativen Analysen erheblich überschreiten (ECKSCHLAGER
und DANZER [1994, Kap. 4]), so dass sie teilweise nur durch Methodenkombi-
nation und -kopplung aufgebracht werden können.

Während Identifizierungen im letztgenannten Sinne den hier behandelten
Themenkreis nicht berühren, wird im Abschn. 6.2.2 auf die Nachweisproblematik im Zusammenhang mit *Screening-Techniken* eingegangen. Bei diesen
soll auf möglichst rationale Weise aus dem Auftreten eines kritischen Signals
darauf geschlossen werden, ob der Gehalt des oder der Analyten in der Probe
einen vom Auftrag- oder Gesetzgeber vorgegebenen Wert (Spezifikations-,

Standard-, Grenz- oder Schwellenwert) überschreitet. Es soll also aus einer *Binärentscheidung im Signalraum* (kritisches Signal anwesend oder nicht) eine *Binäraussage über den Gehalt* im Probenmaterial bzw. eine *Binärklassifizierung der Probe* (Vorschrift bzw. Vorgaben eingehalten oder nicht) getroffen werden. Die Binärentscheidung im Signalraum kann auf Grund eines sensuell beobachtbaren Phänomens (z. B. Farbumschlag, Gasentwicklung, Peak in einem Spektrum oder Chromatogramm, Schwärzung von Photomaterial) getroffen werden oder durch Vergleich eines erhaltenen Messwertes mit einem dem Spezifikationswert des Gehaltes zugeordneten kritischen Messwert, der *Unterscheidungs-* bzw. *Diskriminationsgrenze* y_{DIS} genannt wird (Abschn. 6.2.3). Er lässt sich über die Kalibrierfunktion oder durch die Analyse von Proben mit Gehalten der Spezifikationsgrenze x_{LSP} (limit of specification) ermitteln.

Das Nachweisvermögen der Screeningtests ist also eine spezielle Variante des Unterscheidungsvermögens für den Fall, dass der Spezifikationsgehalt Null ist und das Signal mit dem der Blindproben, also dem mittleren Blindwert zu vergleichen ist.

Eine weitere Möglichkeit, analytische Binärentscheidungen zu nutzen, besteht darin, aus der Häufigkeit des Auftretens von Signalen oberhalb der Diskriminationsgrenze nach entsprechender Kalibrierung auf den Gehalt in der Probe zu schließen (Abschn. 6.2.4). Sie wird als *Frequentometrie* bezeichnet und ist in der Regel auf Fälle beschränkt, wo sensuell beobachtbare Phänomene rasch zu erzielen sind und demzufolge genügend oft reproduziert werden können. Entsprechende Mehrfach*messungen* würden – für den Preis des höheren Aufwandes – präzisere Aussagen ermöglichen.

6.2.2
Screening-Tests

In Abschn. 2.3 wurde der Zusammenhang zwischen der Wahrscheinlichkeit des Auftretens von Messwerten in vorgegebenen Bereichen und einem gemäß Kalibrierfunktion entsprechenden Gehalt dargestellt. Daraus lässt sich ein funktioneller Zusammenhang ableiten zwischen der Wahrscheinlichkeit des Auftretens von Messwerten oberhalb der Entscheidungsgrenze y_{DIS} (discrimination limit; näherungsweise zu ermitteln aus der Häufigkeit von Messwerten $y_i \geq y_{DIS}$) und der Überschreitung einer vorgegebenen Klassifizierungsgrenze des Gehaltes in der Probe x_{LSP} (specification limit), also eine *Kalibrierfunktion für Binäraussagen*.

Zur Realisierung dieses Weges und insbesondere zur experimentellen Schätzung der Wahrscheinlichkeiten gibt es verschiedene Ansätze. Zur Verfahrens- und Ergebnisbewertung von Screening-Untersuchungen wurden in jüngster Zeit mehrere Vorschläge veröffentlicht, ohne dass es bisher zu einer Harmonisierung oder gar Standardisierung gekommen ist (SONG et al. [2001], RIOS et al. [2003], PULIDO et al. [2002, 2003], SIMONET et al. [2004], TRULLOLS et al. [2004]). Die Terminologie ist nicht nur unterschiedlich, sondern teilweise widersprüchlich, und zwar nicht nur untereinander, sondern sogar zu fest eingeführten Kenngrößen-Definitionen.

Den Zusammenhang mit den in 2 und 3 behandelten Konzepten zum Nachweisvermögen verdeutlicht am besten der Zugang zu Binäraussagen über statistische Intervalle auf der Basis der Hypothesentestung (Pulido et al. [2002]) in Abb. 6.1.

Teilbild 6.1a zeigt die Messwertverteilung für eine Probe mit dem Gehalt an der Klassifizierungs- oder Spezifikationsgrenze, also mit dem Gehalt x_{LSP} und dem zugehörigen Mittelwert $\bar{y}_{LSP}$, unter der Annahme normalverteilter Messwerte konstanter Standardabweichung (Homoskedastizität) sowie gleicher Irrtumsrisiken α und β. Die obere Konfidenzgrenze von $\bar{y}_{LSP}$ markiert die Entscheidungsgrenze y_{DIS}, dargestellt in Abb. 6.1b. Für Messwerte $y_i \geq y_{DIS}$ wird die Nullhypothese $H_0: x_i \leq x_{LSP}$ abgelehnt.

Die im folgenden gewählten Bezeichnungen für die Grenzwerte und Kenngrößen sind freie Übersetzungen der englischen Termini, die in den entsprechenden Arbeiten (Song et al. [2001], Pulido et al. [2002, 2003], Ríos et al. [2003], Simonet et al. [2004], Trullols et al. [2004]) benutzt werden, und

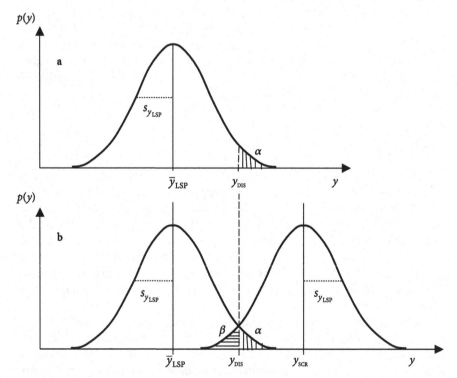

Abb. 6.1. Messwertverteilungen, die zum Gehalt an der Spezifikationsgrenze x_{LSP} und an der Screeninggrenze x_{SCR} gehören, y_{DIS} ist die Entscheidungsgrenze

zwar teilweise mit unterschiedlicher Bedeutung und Bezug auf Gehaltsdomäne (x) oder Signalraum (y):

x_{LSP} Klassifizierungsgrenze (limit of specification, specific limit concentration level, preset value, standard value, threshold),

y_{LSP} Messwert an der Klassifizierungsgrenze

y_{DIS} Entscheidungsgrenze (discrimination limit, cut-off, threshold)

x_{SCR} Unterscheidungs- oder Screeninggrenze (screening limit)

Zu beachten ist besonders die unterschiedliche Verwendung des Begriffes „cut-off" und „threshold" (siehe dazu auch die Bemerkungen gegen Ende dieses Abschn. 6.2.2).

Das Modell erlaubt zwei Aussagen:

- bei der a posteriori Bewertung des analytischen Befundes bedeutet $y_i \geq y_{DIS}$ „Spezifikationsgrenze überschritten" bzw. „positiver Befund",
- a priori lässt sich zur Verfahrensauswahl feststellen, Gehalte $x_{LSP} < x < x_{SCR}$ werden von dem Verfahren mit der hohen statistischen Sicherheit ($1 - \beta$) bei Berücksichtigung des Risikos α erkannt, liefern also „korrekt-positive Befunde".

Allgemein, d. h. über die Nachweisproblematik hinausgehend, kann man auch feststellen, dass $x_{SCR} - x_{LSP}$ die geringste von dem Verfahren bis auf das Risiko β sicher zu erkennende Gehaltsdifferenz ist, wenn das Risiko für eine falsch-positive Entscheidung $\leq \alpha$ sein soll. Über Gehalte zwischen x_{LSP} und x_{SCR} sind keine zuverlässigen Aussagen möglich, jedoch wächst unterhalb x_{SCR} mit abnehmenden Gehalt das Risiko β einer falsch-negativen Entscheidung, das bei der Überwachung zulässiger Höchstgehalte besonders schwer wiegt. Die Funktion ($1 - \beta$) in Abhängigkeit von der Gehaltsdifferenz wird als „Unterscheidungsvermögen" oder „Trennschärfe" des Verfahrens bezeichnet (FERRÚS und EGEA [1994]).

Die Übereinstimmung der Modellvorstellungen zur Ableitung der Leistungskriterien (Kenngrößen) von Screeningmethoden mit denen zur Charakterisierung des Nachweisvermögens quantitativer Analysenverfahren ist offensichtlich und Ausdruck dafür, dass quantitative Verfahren unterhalb der Erfassungsgrenze nur binäre Aussagen erlauben.

Der an Proben mit dem Gehalt der Klassifizierungsgrenze ($x = x_{LSP}$) gewonnene Messwert $\bar{y}_{LSP}$ entspricht dem mittleren Blindwert $\bar{y}_{BL}$ ($x = 0$), die Entscheidungsgrenze y_{DIS} dem kritischen Messwert y_c und die Screeninggrenze x_{SCR} ergibt sich aus dem Messwert y_{SCR} über die Kalibrierfunktion wie die Erfassungsgrenze x_{EG} aus y_{EG}.

Dementsprechend bestimmt die „klassische" Erfassungsgrenze die untere Anwendungsgrenze der Screening-Tests dieser Art. Sie ist unter den gleichen Bedingungen zu ermitteln und gilt unter denselben Voraussetzungen und mit den gleichen Einschränkungen. Allerdings können bei der Ermittlung manche Modellverfeinerungen entfallen, wie etwa Berücksichtigung der Unsicherheit der Kalibrationsparameter oder der Umkehrproblematik. Andererseits sind stark schwankende Blindwerte und beachtliche Abweichungen von der Normalverteilung der Messwerte sowie Heteroskedastizität in der Nähe des Blindwertes auch hier zu beachten.

Der wesentliche Unterschied liegt darin, dass die Unsicherheit quantitativer Bestimmungen oberhalb der Erfassungsgrenze durch Konfidenzintervalle oder anders definierte Unsicherheitsbereiche der Ergebnisse ausgedrückt wird, während die Zuverlässigkeit von Screeningmethoden hinsichtlich der Korrektheit von Binärklassifikationen oder -aussagen mit den Mitteln der Entscheidungstheorie und der Wahrscheinlichkeitsrechnung bewertet wird.

In Verallgemeinerung des Begriffes „Nachweisvermögen" wurde „Unterscheidungsvermögen" (capability of discrimination) mit der Unterscheidungsgrenze y_{DIS} als Kenngröße eingeführt. Insbesondere SANZ et al. [2001] weisen darauf hin, dass dieser Grenzwert eine Verallgemeinerung der Definition der Erfassungsgrenze nach bekannten Normen (z. B. ISO 11843 [1997], DIN 32645 [1994]) darstellt und für den Nominalwert Null als Unterscheidungsbasis mit dieser identisch ist. Auf den Zusammenhang beider Grenzwerte weisen auch FERRÚS und EGEA [1994] hin. CURRIE bezeichnet schon 1988 die Erfassungsgrenze als Unterscheidungsgrenze für die Analytkonzentration Null.

Die Vorschläge zur objektiven Bewertung von Verfahren und Ergebnissen der Screening-Techniken auf der Basis von messwertgestützten Binärentscheidungen beziehen sich meist auf Klassifizierungsaufgaben in Gehaltsbereichen deutlich oberhalb der Erfassungsgrenze. Da sie aber den Spurennachweis ($x_{LSP} = 0$, $\bar{y}_{LSP} = \bar{y}_{BL}$) einschließen, soll hier das Prinzip einiger Validierungsmöglichkeiten vorgestellt werden.

Grundsätzlich geht es immer darum, an Hand von Referenzmaterialien oder Laborstandards die „Trefferquote", also den Anteil korrekter („richtiger") Aussagen bzw. Klassifizierungen zu ermitteln, wobei naturgemäß eine größere Anzahl von Versuchen ($n \geq 10$) auszuführen ist, um einigermaßen zuverlässige Wahrscheinlichkeitsaussagen treffen zu können. Dazu gibt es verschiedene Wege.

1. Im einfachsten Fall ist es ausreichend, für einen Gehalt zwischen $\bar{y}_c \equiv y_{DIS}$ und $y_{EG} \equiv y_{SCR}$, also im Bereich der „unsicheren Reaktion" (Abschn. 2.4.2) den Test auszuführen und den Anteil positiver Entscheidungen mit der statistischen Sicherheit $(1 - \beta)$ zu vergleichen. Ist die Trefferquote größer oder gleich $(1 - \beta)$, arbeitet der Test zufriedenstellend.

2. Um auch den Fehler 1. Art mit zu berücksichtigen, ermittelt man an bekannten Proben unterschiedlicher Gehalte falsch-positive (*fp*) und falsch-negative (*fn*) Klassifizierungen. Daraus lassen sich die folgenden Größen errechnen (TRULLOLS et al. [2004]), wobei positiver Befund $x_i \geq x_{SL}$ und negativer Befund $x_i < x_{SL}$ bedeutet

$$FPR = \frac{\text{Anzahl der falsch positiven Befunde}}{\text{Gesamtanzahl aller negativen Proben}} = \frac{fp}{tn + fp}$$

(6.6a)

$$FNR = \frac{\text{Anzahl der falsch negativen Befunde}}{\text{Gesamtanzahl aller positiven Proben}} = \frac{fn}{tp + fn}$$
(6.6b)

$$TPR = \frac{\text{Anzahl der positiven Befunde}}{\text{Gesamtanzahl aller positiv getesteten Proben}} = \frac{tp}{tp + fn}$$
(6.7a)

$$TNR = \frac{\text{Anzahl der positiven Befunde}}{\text{Gesamtanzahl aller negativ getesteten Proben}} = \frac{fn}{tn + fp}$$
(6.7b)

Dabei entsprechen *FPR* und *FNR* falsch-positiven bzw. falsch-negativen Klassifizierungsraten, während für die korrekten (true) positiven bzw. negativen Raten gilt $TPR = (1 - \beta)$ und $TNR = (1 - \alpha)$. Letztere haben gegenläufigen Charakter, d. h. mit wachsendem *TPR* nimmt *TNR* ab und umgekehrt.

TRULLOLS et al. [2004] bezeichnen – abweichend von verbindlichen Definitionen in der Analytik – *FPR* als „Empfindlichkeitsrate" (sensitivity rate) und *TNR* als „Spezifitätsrate" (specifity rate). Dies ist in der klinischen Chemie und medizinischen Diagnostik nicht unüblich, widerspricht jedoch dem Gebrauch der Begriffe **Empfindlichkeit** (siehe S. XII sowie ISO 3534-1 [1993], KAISER [1972], FLEMING et al. [1997], PRICHARD et al. [2001]), und **Spezifität** (IUPAC [2001], KAISER [1972], PRICHARD et al. [2001], DANZER [2004]) in der Analytik. Deshalb werden diese Größen im Folgenden weiterhin *TPR* und *TNR* genannt.

3. Zur Charakterisierung von Screening-Tests auf der Basis sensueller Beobachtungen (speziell für Immunoassays) schätzten PULIDO et al. [2003] mit Hilfe von Kontingenztabellen (Vierfeldertafeln, siehe z. B. SACHS [1992, Abschn. 46]) Wahrscheinlichkeiten für korrekte positive bzw. negative Aussagen (positive and negative predicted values *PPV* bzw. *NPV*)

$$PPV = \frac{\text{Anzahl der korrekten positiven Befunde}}{\text{Gesamtanzahl der positiven Befunde}} = \frac{tp}{tp + fp}$$
(6.8a)

$$NPV = \frac{\text{Anzahl der korrekten negativen Befunde}}{\text{Gesamtanzahl der negativen Befunde}} = \frac{tn}{tn + fn}$$
(6.8b)

sowie für positive bzw. negative Entscheidungsquoten analog (6.7a) und (6.7b) die Größen *TPR* und *TNR* (multipliziert mit 100). Auch hier bedeutet positiver Befund: $x_i \geq x_{SL}$ und negativer Befund: $x_i < x_{SL}$.
Kontingenztafeln werden vor allem zur Charakterisierung immunologischer und mikrobiologischer Tests (z. B. Immunoassays) angewendet, die anstelle von Messinstrumenten einfache Ausrüstungen, sogenannte *test kits*, zur binären Klassifizierung nutzen. Sie charakterisieren ein Verfahren im Voraus, sagen aber nichts über die Zuverlässigkeit eines konkreten

Ergebnisses aus. Zudem hängt ihre Aussagekraft stark von der Zahl der „Kalibrier"-Versuche ab. Das Nachweisvermögen wird nicht durch eigene Kriterien charakterisiert, indirekt ist jedoch die Empfindlichkeit im Falle $x_{LSP} = \bar{x}_{BL}$ ein Maß dafür.

4. Die bedingte Wahrscheinlichkeit auf Basis des BAYESschen Theorems ist die älteste Möglichkeit zur Beurteilung von Screening-Methoden. Sie ist für beide Varianten, mit und ohne Verwendung von Messergebnissen, anwendbar. Es sind ebenfalls zahlreiche Versuche erforderlich, es bietet sich jedoch die Möglichkeit, auch die Zuverlässigkeit eines individuellen Tests zu beurteilen. Die nach der Bayesschen Formel errechnete „bedingte Wahrscheinlichkeit" (Wahrscheinlichkeit für eine korrekt positive Entscheidung) ist aussagekräftiger als eine rein experimentell ermittelte Wahrscheinlichkeit, weil in ihre Berechnung auch a-priori-Informationen, also Informationen über den zu testenden Analyten aus der Erfahrung heraus, eingehen. Das können z. B. Kenntnisse über die An- oder Abwesenheit unter bestimmten Bedingungen oder auch über prinzipiell nicht über- oder unterschreitbare Grenzwerte sein (siehe Abschn. 6.1, PULIDO et al. [2003], TRULLOLS et al. [2004]).
Allerdings beeinträchtigen die Komplexität des Modells, die erforderliche mathematisch korrekte Formulierung der (manchmal auch unsicheren) Vorkenntnisse sowie der experimentelle Aufwand dessen routinemäßige Anwendung. Ausführlich wird dieser Themenkreis durch ELLISON et al. [1998] behandelt.

5. Ein weiterer Weg zur Bewertung der Leistungsfähigkeit von Screeningmethoden aller Art zur Binärklassifikation in unterschiedlichen Gehaltsbereichen ist die Konstruktion von *Leistungskurven* (*performance curves, -functions, -characteristics*). Sie veranschaulichen die Testschärfe in Abhängigkeit von der Spezifikations- und von der Entscheidungsgrenze, ermöglichen die Angabe von Größen wie *TPR* und *TNR* sowie die Ermittlung eines Gehaltsbereiches um die Spezifikationsgrenze, genannt „Unzuverlässigkeitsbereich" (unreliability region), außerhalb dessen der Test mit definierter Wahrscheinlichkeit (z. B. 90%) die korrekte Klassifizierung der Probe erlaubt (PULIDO et al. [2003], SIMONET et al. [2004], TRULLOLS et al. [2004]). Andere Autoren sprechen vom „Unsicherheitsbereich" (uncertainty region, SONG et al. [2001]), doch bringt „Unzuverlässigkeit" den prinzipiellen Unterschied zur „uncertainty" quantitativer Bestimmungen deutlicher zum Ausdruck.

Die Leistungskurven repräsentieren den funktionalen Zusammenhang zwischen der Wahrscheinlichkeit einer positiven Aussage $P_{pos}(x)$, d. h. $x_i \geq x_{LSP}$, und dem Gehalt x in einem Gehaltsbereich um die Spezifikationsgrenze x_{LSP}. Zu ihrer Konstruktion muss in diesem Bereich für mehrere bekannte Gehalte (meist in entsprechend dotierten Blindproben) eine größere Anzahl ($n \geq 30$) Tests ausgeführt werden, um $P_{pos}(x)$ zu schätzen. Man erhält dann den in

Abb. 6.2 dargestellten Kurvenverlauf, wobei Abb. 6.2a den nur theoretisch vorstellbaren Idealverlauf wiedergibt, der für „unendlich exakte" Entscheidungen, entsprechend Messwerten mit unendlich kleinem Konfidenzintervall, erhalten würde.

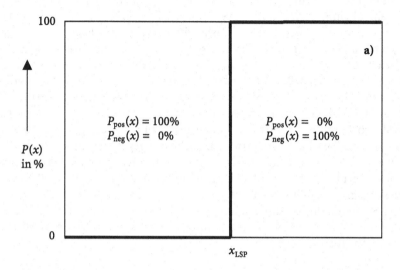

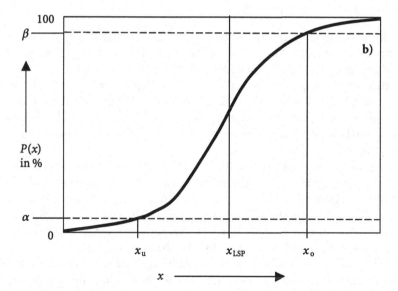

Abb. 6.2. Leistungskurven von Screeningtests für Binärklassifikationen; (a) idealer Kurvenverlauf, (b) experimentell ermittelte Kurve, dargestellt in Anlehnung an eine von SIMONET et al. [2004] wiedergegebenen Chloropromazin-Kontrolle in Urin; x_u und x_{ob} sind die Grenzen des Unzuverlässigkeitsbereiches

Die experimentell von Simonet et al. [2004] erhaltene Kurve für Chloro-promazin-Kontrollen in Urin auf der Grundlage spektrofluorometrischer Messungen nach säulenchromatographischer Matrixabtrennung nach dem Flow-Injection-Prinzip stellt Abb. 6.2b dar.

Aus den Schnittpunkten der Leistungskurve mit Parallelen zur Abszisse, die die Wahrscheinlichkeit $P_{pos}(x) = 5\%$ bzw. 95% repräsentieren, erhält man die Grenzen x_u und x_{ob} des Unzuverlässigkeitsbereiches. Im Falle $x_{LSP} = \bar{y}_{BL}/b$ markiert x_u die Kaisersche Nachweisgrenze und x_{ob} die Erfassungsgrenze. Proben mit Gehalten $x_u \leq x_i \leq x_{ob}$ werden mit der Wahrscheinlichkeit 95% richtig klassifiziert, z. B. als zulässig oder unzulässig verunreinigt. Innerhalb des Unzuverlässigkeitsintervalls nimmt die Wahrscheinlichkeit einer falsch-negativen Klassifizierung (Nichterkennen eines Gehaltes $x_i \geq x_{LSP}$), repräsentiert durch β, mit abnehmenden Gehalt rasch zu und beträgt an der Spezifikationsgrenze 50%. Die analytische Entscheidungsgrenze muss also deutlich darunter liegen, damit x_{LSP} mit der Obergrenze des Unzuverlässigkeitsbereiches, die identisch ist mit der Screeninggrenze und für $x = 0$ mit der Erfassungsgrenze, übereinstimmt.

Bei Screening-Tests, die auf Messwertvergleichen beruhen, sind die Zusammenhänge durch Messwertverteilungen gegeben und die Grenzwerte im Signalraum entsprechend

$$y_{DIS} \approx \bar{y}_{LSP} + s_{y_{LSP}} t_{1-\alpha,\nu} \qquad (6.9)$$

$$y_{SCR} \approx y_{DIS} + s_{y_{LSP}} t_{1-\beta,\nu} \approx \bar{y}_{LSP} + 2s_{y_{LSP}} t_{1-\alpha,\nu} \qquad (6.10)$$

zu ermitteln, wobei α und β problemgerecht, d. h. meist $\alpha > \beta$ auszuwählen sind. In der Literatur wird teils der unterhalb von x_{LSP} liegende Entscheidungsgehalt x_{DIS}, der entweder auf obengenannten Wege oder aus y_{DIS} ermittelt wird, als „cut off value" oder „threshold" bezeichnet (z. B. Simonet et al. [2004], Pulido et al. [2002, 2003]), teils auch der Gehalt an der Screening-Grenze (Trullols et al. [2004]). Ausführlich werden Leistungskriterien und Leistungskurven von Feld-Screening-Methoden von Song et al. [2001] diskutiert.

Zur Reduzierung des erheblichen experimentellen Aufwandes für die Ermittlung aussagekräftiger Leistungskurven entwickelten Simonet et al. [2004] eine Näherungslösung, die an nur 5 Gehalten in der Nähe des Standardwertes, der sich etwa innerhalb des Konfidenzbereiches von y_{DIS} befinden soll, die große Anzahl von $n \approx 30$ Wiederholversuchen erfordert. Durch lineare Extrapolation auf 0 und 100% lassen sich x_u bzw. x_{ob} ermitteln.

Abbildung 6.3 zeigt schematisch die Abhängigkeit der Trennschärfe vom Gehalt, wie sie von Simonet et al. [2004]) für die Chloropromazin-Kontrolle untersucht wurde. Mit wachsender Entfernung vom Blindwert nimmt die Präzision zu, was in der Verringerung der Breite des Unzuverlässigkeitsintervalls zum Ausdruck kommt. Diese ist noch einmal explizit in Abb. 6.4 dargestellt. Dort ist außerdem die Verringerung des Fehlers β für falsch-negative Klas-

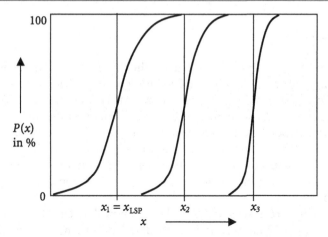

Abb. 6.3. Verschiedene Leistungskurven zur Veranschaulichung der wachsenden Trennschärfe eines Screeningtests mit zunehmendem Abstand zum Blindwert x_{LSP} (nach SIMONET et al. [2004])

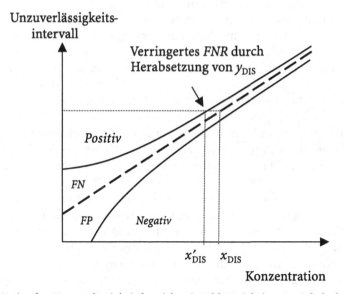

Abb. 6.4. Breite des Unzuverlässigkeitsbereiches in Abhängigkeit vom Gehalt des Analyten (verallgemeinerte Darstellung nach SIMONET et al. [2004]), FN – Bereich der falsch-negativen, FP – Bereich der falsch-positiven Entscheidungen, *FNR* – false negative ratio

sifizierungen durch Absenken der Entscheidungsgrenze auf den der Konzentration $x_u = x'_{DIS}$ entsprechenden Wert zu erkennen. Das geht zu Lasten des Fehlers α, also einer höheren Falsch-positiv-Rate *FPR*, was aber meist weniger folgenschwer ist als der umgekehrte Fall.

6.2.3
Immunoassays

In der Biochemie und für physiologisch-chemische Kontrolluntersuchungen haben *Immunoassays* zunehmend Bedeutung erlangt. Diese werden sowohl für Screening-Tests als auch für quantitative Analysen verwendet. Dabei handelt es sich um immunochemische Analysenverfahren, die auf spezifischen Antigen-Antikörper-Reaktionen beruhen, die nicht durch kovalente Bindungen, sondern durch sterische Konfigurationen bewirkt werden. Der Analyt formiert mit einem geeigneten Antikörper oder Antikörperfragment einen Immunokomplex, dessen Entstehungsweise und -zeit von der Analytart und -menge abhängt.

Heute verfügbare Tests sind in der Regel anwenderfreundlich und effektiv, sowohl was apparativen Aufwand, Zeitbedarf und Kosten, als auch die Zuverlässigkeit anbetrifft. Der Einsatz enzymatischer und immunochemischer Assays reicht demzufolge heute von der Medizin (Labordiagnostik, insbesondere Drogenanalytik) über die Lebensmittelkontrolle bis hin zur Umweltüberwachung und Analytik von Arzneimittelrückständen.

Da es in all diesen Anwendungsgebieten um sehr geringe Analytmengen geht, spielen Definition, Ermittlung und Anwendung von Kenngrößen für das Nachweisvermögen in diesen speziellen Einsatzfeldern eine große Rolle. In Beiträgen dazu handelt es sich meist um eine Anpassung der bekannten Ableitungen an die jeweiligen speziellen Gegebenheiten, worüber hier nur ein Überblick gegeben werden kann. Spezielle Interessenten seien auf die Spezialliteratur verwiesen.

HAYASHI et al. [2004] entwickelten ein mathematisches Modell zur Darstellung der „within-plate variation" (als relative Standardabweichung) der Absorbanz bei der ELISA (Enzyme-Linked Immunosorbent Assay) über einen weiten Konzentrationsbereich. Daraus wurde eine Nachweisgrenze (nach dem 3σ-Kriterium) geschätzt, und zwar als Gehalt, der mit einer relativen Standardabweichung von 30% zu bestimmen ist. Anstelle der Bestimmungsgrenze wurde ein „range of quantification" ermittelt, in dem die relative Standardabweichung maximal 10% beträgt. Gleichzeitig wurde eine Minimierung des Arbeitsaufwandes für die Kalibrierung und Analyse erreicht, indem die wesentlichen Ursachen für die Ergebnisstreuung festgestellt und verringert wurden. KALMAN et al. [1984] demonstrierten die Ermittlung von y_c, x_{EG} und x_{BG} (für 10% relative Standardabweichung) für die Digoxinkontrolle in Blutplasma mittels eines Radioimmunoassays.

Ein mathematisch eigenständiges Konzept für die Charakterisierung des Nachweisvermögens von Immunoassays entwickelten BROWN et al. [1996]. Danach werden die Kenngrößen für die BAYESsche a-posteriori-Verteilung ermittelt (siehe Abschn. 6.1), wobei von einer a-priori-Gleichverteilung der Gehalte zwischen Null und der durch die Kalibrierung gegebenen oberen Anwendungsgrenze sowie Normalverteilung der Messfehler ausgegangen wird.

Dadurch gelingt es, einige Unexaktheiten zu eliminieren, die mit den „klassischen" Definitionen wegen vereinfachender Annahmen verbunden sind. Beispielsweise wird das Irrtumsrisiko α in die Definition der Erfassungsgrenze direkt einbezogen, was beim Zweistufenmodell (Abb. 2.1 in Abschn. 2.1.1) nicht der Fall ist. Weiterhin werden die Schiefe der Messwertverteilung in der Nähe des Blindwertes berücksichtigt sowie die Unsicherheiten der statistischen Umkehrung gemäß Abschn. 3.3.2. Die Berücksichtigung experimenteller Unterschiede zwischen der Gestaltung des Kalibrierexperimentes und der analytischen Messung ermöglicht die Ableitung von Konfidenzintervallen für die Kenngrößen wie für die Analysenergebnisse.

An einem speziellen Beispiel, dem PSA-Test (Nachweis eines Prostataspezifischen Antigens) zur Früherkennung von Krebs-Rückfallerkrankungen zeigen Brown et al. [1996], dass die Verfahrens- und Ergebnisbewertung nach ihren Konzept realistischere Kenngrößen liefert als die auf „klassischem" Wege ermittelten, die um den Faktor 4 bis 7 niedriger liegen.

Die Einbeziehung der bedingten Wahrscheinlichkeit in das Kenngrößenkonzept hat sicher auch über Immunoassays hinaus Bedeutung für die Analytik. Dieser Weg entspricht durchaus dem aktuellen Trend, die Unsicherheit von Messergebnissen auch unter Einbeziehung von Faktoren zu schätzen, die nicht im engeren Sinne statistische Größen sind, wenngleich er auf einem statistischen Konzept beruht.

Leider wird die von Brown et al. [1996] abgeleitete Grundgröße, aus der sich die anderen Kenngrößen als Grenzfälle ergeben, „*Minimal Detectable Concentration*" (*MDC*) genannt, was Verwechslungen mit der Kaiserschen 3σ-Nachweisgrenze x_{NG} bzw. dem kritischen Messwert y_c nahelegt. Tatsächlich handelt es sich um eine Bestimmungsgrenze. Sie wird von den Autoren als synomym zur „*Limit of Quantitation*" entsprechend den National Committee for Clinical Laboratory Standards (NCCLS [1996]) betrachtet (Moran und Brown [1997]).

Zu den unterschiedlichen Bezeichnungsweisen siehe Abschn. 2.4 und Anhang.

6.2.4
Frequentometrie

Während Screeningtechniken auf der Grundlage einer *einmaligen* Ja/Nein-Entscheidung über das Auftreten eines Analytsignals eine möglichst sichere, d. h. außerhalb des Unzuverlässigkeitsbereiches liegende, Binärklassifikation der Probe vornehmen, ermittelt die Frequentometrie durch Auswertung *zahlreicher* Ja/Nein-Aussagen für mehrere Proben (grobe) Gehaltsangaben innerhalb des Unsicherheitsbereiches zwischen Erfassungs- und Kaiserscher Nachweisgrenze („Bereich der unsicheren Reaktion" nach Emich [1910]). Neben den üblichen allgemeinen Voraussetzungen, wie Normalverteilung der Blindwerte, Homoskedastizität sowie lineare Kalibrierfunktion im interessierenden

Gehaltsbereich, muss für die Frequentometrie die An- oder Abwesenheit eines etwa y_c entsprechenden Signals mit relativ geringem experimentellen Aufwand feststellbar sein, so dass relativ viele Wiederholungsversuche an jeder Probe schnell und sicher ausgeführt werden können.

Wird das Signal in N Versuchen n-mal nicht gefunden, so kann man aus der Häufigkeit des Nichtauftretens $\widehat{p} = n/N$ bei hinreichend großem N die Wahrscheinlichkeit β schätzen, die gemäß (2.2) und (2.3) in Abschn. 2.1.1 über die Standardvariable u einem Messwert y zugeordnet werden kann, aus dem sich dann ein Gehalt über die Kalibrierfunktion errechnen lässt. Damit lautet die frequentometrische Auswertebeziehung

$$\widehat{p} = \frac{n}{N} \approx P(y_A < y_c) = \int\limits_{-\infty}^{u_c - u_A} u\,du \equiv \beta = f(x_A)\,, \tag{6.11}$$

wobei der Index A die analysierte Probe kennzeichnet.

Obwohl anstelle von y_c im Prinzip auch ein gut identifizierbares höheres Signal y_{DIS} als Grundlage für analytische Entscheidungen bzw. Aussagen zur Einhaltung eines Grenzgehaltes dienen könnte, wurde diese Vorgehensweise speziell zur besseren Ausschöpfung des Informationsgehaltes von Analysenergebnissen an der Grenze der Nachweisbarkeit entwickelt, zur zumindest groben Schätzung von Gehalten $x_i < x_{EG}$. Letztlich handelt es sich um die Schätzung des Mittelwertes einer abgeschnittenen Verteilung (siehe Abschn. 2.3.1).

Zwischen 1965 und 1977 wurde diese Vorgehensweise verschiedentlich in der Spurenanalyse zur Auswertung photographisch registrierter Emissionsspektren herangezogen (EHRLICH [1967], HOBBS et al. [1966, 1970], ZILBERSTEJN [1968], LITEANU et al. [1966, 1968, 1970, 1973, 1975, 1980]). Der Begriff Frequentometrie wurde von LITEANU geprägt.

Stets lagen frequentometrischen Verfahren exakt ausgearbeitete quantitative Bestimmungsverfahren zugrunde, bei denen im jeweiligen Zusammenhang besonders auf die Blindwertverteilung und -ermittlung, Kalibrierung sowie Varianzeigenschaften[1] geachtet wurde. Es wurde auch nachgewiesen, dass die subjektive Wahrnehmungsschwelle für Spektrallinien auf photographischen Aufnahmen und in Registrogrammen gut mit dem jeweiligen Messwert y_c übereinstimmt (EHRLICH und GERBATSCH [1966], EHRLICH [1967], ZILBERSTEJN [1968, 1971], LITEANU et al. [1966]). Neben der visuellen, also qualitativen Auswertung (HOBBS et al. 1966, 1970) wurden auch gemessene relative Linienintensitäten mit Grenzwerten verglichen. HOBBS et al. [1966, 1970] und LITEANU et al. [1966, 1968, 1970, 1973, 1975, 1980] definierten und ermittelten auf diesem Wege die *Erfassungsgrenze*.

Anhand von Modellrechnungen zeigte EHRLICH [1967], dass im Bereich $0,1 \le \widehat{p} \le 0,9$ schon $N = 20$ Versuche zu brauchbaren Resultaten führen.

---

[1] Homoskedastizität bzw. Berücksichtigung der Varianzfunktion

Die relative Ergebnisunsicherheit (Breite des Konfidenzintervalls quantitativer Angaben) liegt dann zwischen 24% und 31%, wobei die Präzision bei $\hat{p} \approx 0{,}5$ am besten ist. Selbst für $N = 10$ liegen die Werte noch bei 28% bzw. 43%. Auch die mögliche Verfälschung der Ergebnisse durch Einschleppen des Analyten in die Probe während ihrer Aufbereitung lässt sich durch statistische Auswertung der Ergebnisse einer großen Anzahl von Blindversuchen quantifizieren.

6.2.5
Kontrolle von Schwellenwerten

Die Kenngrößen charakterisieren die unteren Anwendungsgrenzen von Analysenverfahren in allgemeiner Weise. Sie sind im konkreten Fall um so zuverlässiger, je besser die bei ihrer Ermittlung zugrunde gelegten Bedingungen und Voraussetzungen, also die Modellannahmen, mit denen der jeweiligen analytischen Praxis übereinstimmen. Stets handelt es sich jedoch um Näherungen, die zwar zur Ausarbeitung, Auswahl oder Optimierung von Analysenverfahren gute Anhaltspunkte liefern, aber keinesfalls bedenkenlos zur Kontrolle juristisch relevanter *Schwellenwerte* verwendet werden dürfen. Diese werden meist ebenfalls als „Grenzwerte" bezeichnet. Mit dem hier benutzten Ausdruck „Schwellenwert" soll der Unterschied zu den Kenngrößen, die Verfahrensgrenzwerte darstellen, verdeutlicht werden.

Zur Überwachung von Schwellenwerten ist es unerlässlich, in jedem konkreten Anwendungsfall, z. B. Qualitätskontrolle, Schadstoffüberwachung, medizinische Diagnostik oder toxikologisch-forensische Untersuchung, durch zusätzliche Festlegungen die Definition des vollständigen Verfahrens für diesen Fall zu präzisieren und dafür von allen beteiligten Laboratorien die Kenngrößen unter Vergleichsbedingungen (siehe Abschn. 4.2) ermitteln zu lassen (MÜCKE [1985]). Dabei müssen alle zufälligen und systematischen Einflüsse erfasst werden, entweder nach Randomisierung der systematischen Einflüsse im Rahmen statistischer Prognose- oder Toleranzbereiche oder über das „GUM"-Unsicherheitskonzept gemäß ISO [1993] und EURACHEM [1998] (siehe Abschn. 3.3.1). Die Festlegungen erfordern Kooperation zwischen Analytikern und Vertretern des jeweiligen Fachgebietes, um Risiken und analytischen Aufwand problemgerecht gegeneinander abzuwägen.

Besondere Probleme, die noch weitgehend ungelöst sind, bereiten Festsetzung und Kontrolle von Schwellenwerten für die Schadstoffüberwachung in Umweltkompartimenten unterschiedlichster Art. Die Kontrolle von Wasser, Boden, Luft und biologischem Material hat in den letzten Jahrzehnten eine weite Ausbreitung gefunden und ist zu einem zentralen gesellschaftlichen Anliegen mit oftmals weitreichenden Konsequenzen geworden.

Aus Sicht der Analytik ergeben sich daraus eine Reihe von Problemen, von denen die wichtigsten die folgenden sind.

- Es handelt sich um eine sehr breite Palette unterschiedlichster analytischer Aufgabenstellungen, bei denen die Gehalte der Analyten meist an der Grenze der Nachweisbarkeit liegen und demzufolge mit erheblichen Unsicherheiten zu rechnen ist.
- Die Schwellenwerte werden im Allgemeinen aus sachlogischen Erwägungen anderer Disziplinen heraus festgelegt (z. B. der Medizin oder Biologie), und zwar meist ohne Mitwirkung von Analytikern. Oftmals spielen auch politische oder ideologische Motive eine Rolle.
- Schwellenwerte sollen eigentlich die objektive Grundlage für ordnungs-rechtliche Eingriffe von Behörden bilden und damit zur Rechtssicherheit beitragen. Allerdings können in den Verordnungen, z. B. zum Umweltschutz, durchaus unterschiedliche Vorgaben zur Schwellenwertkontrolle enthalten sein. So ist oft unklar, ob im konkreten Fall die Unsicherheit des Ergeb-nisses vom Analytiker zu berücksichtigen ist oder in der Vorschrift zur Ergebnisinterpretation bereits „pauschal" enthalten ist, wie das z. B. bei der entscheidungstheoretischen Interpretation der Fall ist (Screening-Tests, Abschn. 6.2). Die Unsicherheit kann auch bereits bei der Festsetzung des Schwellenwertes berücksichtigt worden sein, so dass dieser deutlich un-terhalb der tatsächlichen Gefahrenschwelle liegt. Im Rechtsstreit kann au-ßerdem bedeutsam sein, ob die Einhaltung oder die Überschreitung eines Schwellenwertes nachgewiesen werden muss (GLUSCHKE et al. [2005]).

SCHMOLKE et al. [1995] kommen daher zu dem Schluss, dass durch Vorgabe von Schwellenwerten die Rechtsunsicherheit nur „vorverlagert" wird, sofern nicht eine deutliche Über- oder Unterschreitung des Schwellenwertes vorliegt. An die Stelle einer willkürlichen Behördenentscheidung tritt dann der zufäl-lige Ausgang einer Analyse. Dazu wird ein Beispiel aus der Luftüberwachung angeführt. Die „Technische Anleitung zur Überwachung der Luft" (TA LUFT [1986]) schreibt zur diskontinuierlichen Überwachung einer technischen An-lage hinsichtlich Schadstoffemissionen jeweils drei Einzelmessungen vor. Die Anlage ist nicht zu beanstanden, wenn keines der drei Messergebnisse den Schwellenwert überschreitet. Die exakte statistische Analyse dieser pragma-tischen Vorgehensweise zeigt jedoch, dass das Einhalten des Schwellenwertes mit einer statistischen Sicherheit von 90% erst gewährleistet werden kann, wenn der Mittelwert aus den drei Stichproben kleiner als 64% des Schwellen-wertes ist und er andererseits zum Erkennen einer Überschreitung um 35% über dem Schwellenwert liegen muss.

Neben allgemeinen Forderungen nach Vereinheitlichung der Verfahrens-weise beim Umgang mit Schwellenwerten (GLUSCHKE et al. [2005]), einheitli-chen Bewertungsmaßstäben und Verbesserung der analytischen Qualitätssi-cherung durch systematische unabhängige Untersuchungen (Audit nach JÄGER [1997]) werden auch Alternativen zum Schwellenwertkonzept vorgeschlagen. So empfiehlt NISIPEANU [1988] neben dem Schwellenwert, der durch einfachen Vergleich mit dem arithmetischen Mittel der Messwerte überprüft werden soll, einen absoluten Höchstwert einzuführen, über den kein Einzelmesswert liegen darf. Nach Ansicht von SCHMOLKE et al. [1995] wäre die Einführung solcher oder auf ähnliche Weise die Ergebnisunsicherheit berücksichtigender „Grenz*bereiche*", d. h. Schwellenwert*bereiche* anstelle von Schwellen*werten* eine praktikable Lösung.

Würde die untere Grenze eines solchen Bereiches, deren Überschreitung Sanktionen auslöst, durch Subtraktion der Unsicherheit des im konkreten Fall angewendeten Verfahrens vom Schwellenwert festgelegt, würde, im Gegensatz zur bisherigen Praxis, die Anwendung präziserer Analysenmethoden Vorteile für den zu überwachenden Emittenten bringen. Das gilt natürlich generell, wenn dieser verpflichtet wird nachzuweisen, dass seine Emissionen einen Schwellenwert nicht überschreiten. In diesen Fällen könnte auf rechtlich anerkannte, standardisierte Verfahren verzichtet werden, die verwendeten Verfahren müssten lediglich einer Validierung nach GLP (Good Laboratory Practice, siehe DIN EN 45001 [1990], CHRIST et al. [1992], FUNK et al. [1992]) unterzogen werden (zur In-house-Validierung siehe auch Abschn. 4.3 sowie GOWIK et al. [1998], JÜLICHER et al. [1998]).

7 Zusammenfassung und Schlussfolgerungen

Die Leistungsfähigkeit von Analysenverfahren an ihren unteren Anwendungsgrenzen, also den Grenzen der Nachweisbarkeit der interessierenden Analyte,
wird durch Kenngrößen charakterisiert, die dem Analytiker helfen sollen

- verfügbare Verfahren in diesem Gehaltsbereich möglichst objektiv zu beurteilen, um daraus Schlussfolgerungen zu ziehen für deren Auswahl bzw.
  Optimierung
- Analysenergebnisse angesichts deren unvermeidlicher Unsicherheit optimal zu interpretieren.

Zwischen diesen beiden Anwendungsaspekten muss stets unterschieden werden.

Im Verlaufe der mehr als 50jährigen Entwicklung ist, ausgelöst durch die
wachsende Bedeutung der Spuren- und Ultraspurenanalytik, eine Vielzahl von
Vorschlägen zur Definition, Bezeichnung, Ermittlung unter den Bedingungen
der Praxis sowie zur sachgerechten Anwendung der Kenngrößen entstanden,
die teils erheblich voneinander abweichen oder einander sogar widersprechen.
Im Rahmen dieser Arbeit wurde ein Überblick über wesentliche Entwicklungs-
linien und die Vielfalt der sich daraus eröffnenden Möglichkeiten gegeben.

Daraus lässt sich ableiten, dass mit Hilfe relativ einfacher Modelle grobe,
aber ziemlich sichere Abschätzungen der Kenngrößen erhalten werden können. Da aber auf diese Weise die in den Daten vorhandenen Informationen
oft nicht vollständig ausgeschöpft werden, wird vielfach eine Verfeinerung der
Modelle auf der Grundlage detaillierter Voraussetzungen angestrebt. Wenn
deren Erfüllung jedoch nicht vollkommen gewährleistet ist, werden die Aussagen eher unzuverlässiger als sicherer. Im Folgenden sind thesenartig einige
wesentliche Gesichtspunkte zur Ermittlung und Anwendung der Kenngrößen
unter praxisnahen Bedingungen zusammengestellt.

1. Wie alle Qualitätskriterien lassen sich auch Kenngrößen für das Nachweisvermögen nur für konkret und umfassend in einer Arbeitsvorschrift beschriebene *vollständige Analysenverfahren* ermitteln. Diese ist
   in der Regel an eine feststehende Aufgabenstellung gebunden und lässt
   demzufolge auch nur eine begrenzte Variabilität von Probenform und
   -zusammensetzung zu. Die detaillierte Beschreibung aller Arbeitsgänge

von der Probennahme bis zur Ergebnisangabe und -interpretation erfolgt allgemein nach den in Abschn. 2.2 sowie z. B. von CHRIST et al. [1992] und WEGSCHEIDER [1994] angegebenen Prinzipien und konkret nach den jeweils zutreffenden Standardarbeitsvorschriften (SOP).

2. Gängige Vorschriften zur Ermittlung der Kenngrößen aus Messdaten sind an einige experimentelle und statistische Voraussetzungen gebunden. Die wichtigsten sind: Durchführbarkeit von *Wiederholungsanalysen*[1], *Normalverteilung* und *Varianzenhomogenität* (Homoskedastizität) der Messwerte sowie Schätzung einer linearen Kalibrierfunktion und ihrer Unsicherheitsbereiche. Vorgehensweisen bei Nichterfüllung einzelner Voraussetzungen werden insbesondere in Kap. 5 behandelt.

3. Grundsätzlich muss unterschieden werden, ob Kenngrößen zur Charakterisierung der potentiellen Möglichkeiten eines *Verfahrens* vor dessen Anwendung (a priori) oder zur *Interpretation* eines mit diesen Verfahren erhaltenen *Analysenergebnisses* (a posteriori) genutzt werden sollen.

4. Der *kritische Messwert* y_c ist eine der wichtigsten Kenngrößen. Er repräsentiert den kleinsten Messwert, der mit vorgegebener statistischer Sicherheit $1 - \alpha$ vom Blindwert unterschieden werden kann. Im allgemeinsten Fall lässt sich der kritische Messwert y_c ermitteln aus dem mittleren Blindwert und dessen Unsicherheit $U(\bar{y}_{BL})$.

$$y_c = \bar{y}_{BL} + U(\bar{y}_{BL}) \,. \tag{7.1}$$

In der Regel wird der mittlere Blindwert aus Wiederholungsmessungen an einer nicht zu geringen Anzahl von Blindproben als arithmetischer Mittelwert $\bar{y}_{BL}$ bestimmt. Wenn Informationen über das Vorliegen einer anderen Verteilungen anstelle der Normalverteilung vorliegen, sollte der Mittelwert als Verteilungsmaximum dieser anderen Verteilung geschätzt werden (siehe dazu Handbücher der angewandten Statistik, z. B. GRAF et al. [1987], SACHS [1992]).

Die Unsicherheit des Blindwertes (bzw. des Untergrundrauschens) wird ermittelt aus der Streuung der Blindwerte, die charakterisiert ist durch entsprechende statistische oder kombinierte Fehlergrößen, d. h. durch die Standardabweichung s_{BL} oder die (kombinierte) Standardunsicherheit $u_c(y_{BL})$, siehe Abschn. 3.3.1. Die Gesamtunsicherheit (erweiterte Unsicherheit) ergibt sich mit Hilfe eines (Erweiterungs-) Faktors k nach (3.38).

Damit erhält man als kritischen Messwert

$$y_c = \bar{y}_{BL} + k \cdot u_c(\bar{y}_{BL}) \tag{7.2a}$$

---

[1] Wiederholungen des gesamten Analysenganges von der Probennahme bis zur Auswertung der Messdaten, nicht etwa nur Wiederholungen des Messvorganges am Analysengerät

bzw. im speziellen Fall der statistischen Ermittlung[2]

$$y_c = \bar{y}_{BL} + k \cdot s_{\bar{y}_{BL}} \, . \tag{7.2b}$$

Bei Anwendung von (7.2a) bzw. (7.2b) kann der Wert für den Faktor k auf verschiedene Weise ausgewählt werden; am häufigsten werden verwendet

- $k = 3$: Mit diesem von KAISER [1965] vorgeschlagenen Wert (Abschn. 3.1.3.1) befindet man sich insofern auf der sicheren Seite, als auch Abweichungen von der Normalverteilung toleriert werden; die statistische Sicherheit $P = 1 - \alpha$ beträgt etwa 99% für normalverteilte Werte, 95% für nichtnormale eingipflige Verteilungen und immerhin noch 90% für beliebige Verteilungen (Abschn. 3.1.1).
- $k = 2$: Wenn die Blindwerte mit großer Wahrscheinlichkeit normalverteilt sind, ist die statistische Sicherheit $P = 95\%$ schon für einen Messwerteumfang von $n = 6$ gewährleistet und wird mit zunehmenden n größer.
- $k = t_{1-\alpha,\nu}$: Das Quantil der t-Verteilung liefert, ebenfalls ausgehend von einer Normalverteilung der Blindwerte, einen individuellen Wert, der den experimentellen Aufwand ($\nu = n - 1$) bei der Blindwertbestimmung und die statistische Sicherheit der Entscheidung konkret berücksichtigt.
- k kann außerdem auf der Grundlage spezieller Kenntnisse der vorliegenden Verteilung (siehe z. B. Abschn. 5.1.1) oder auch auf der Basis von verteilungsfreien Schätzungen (z. B. Resampling-Techniken, Abschn. 5.1.2) ermittelt werden.

Der **kritische Wert** y_c errechnet sich aus dem mittleren Blindwert und dessen Messwertunsicherheit, allgemein nach (7.2a), in der analytischen Praxis häufig nach $y_c = \bar{y}_{BL} + 3s_{BL}$ oder $y_c = \bar{y}_{BL} + t_{1-\alpha,\nu}s_{BL}$. *Mit dem Überschreiten des kritischen Wertes gilt der gesuchte Analyt als nachgewiesen.*
Die Empfehlungen nach DIN 32645 [1994] enthalten sachgerechte Grundlagen für die Ermittlung und Anwendung dieser Kenngröße.

Bei der Charakterisierung dynamischer analytischer Messsysteme entspricht dem kritischen Wert das kritische Signal-Rausch-Verhältnis $(S/R)_c$.

5. Als *Nachweisgrenze* bezeichnet man den Gehalt, der entsprechend der Kalibrierfunktion zum kritischen Messwert gehört. Die Nachweisgrenze sollte nur für die Interpretation von Analysenergebnissen benutzt und nicht als Verfahrenskenngröße angegeben werden, da suggeriert wird,

---

[2] Der statistische Weg ist nur dann zuverlässig, wenn es gelingt, sämtliche Einflüsse randomisiert als Zufallsstreuung zu erfassen

es sei der kleinste sicher nachweisbare Gehalt. Tatsächlich liefert dieser Gehalt jedoch nur in der Hälfte aller Fälle ein nachweisbares Signal ($\beta = 0{,}5$; siehe Abb. 2.1, Abschn. 2.1.1 sowie Abschn. 2.3.1 und 2.4.2). Die Nachweisgrenze zur Ergebnisbewertung wird nach

$$x_{\mathrm{NG}} = U(y_{\mathrm{BL}})/b \qquad\qquad (7.3)$$

erhalten, wenn die Empfindlichkeit b fehlerfrei bekannt ist[3].

In der Regel wird der Kalibrierkoeffizient b jedoch durch experimentelle Kalibration ermittelt. Damit geht auch die Unsicherheit von b in die zu berücksichtigende Gesamtunsicherheit ein und (7.3) geht über in

$$x_{\mathrm{NG}} = U(y_{\mathrm{BL}}, b)/b \,. \qquad\qquad (7.4)$$

Die Berücksichtigung der Unsicherheiten von Blindwertbestimmung *und* Kalibrierung ist in Abschn. 3.1.3.3 dargestellt. Die Nachweisgrenze kann entweder nach der Blindwertmethode oder nach der Kalibriergeradenmethode ermittelt werden, siehe Abschn. 4.1. Die mit dem kritischen Wert verbundene Gehaltsangabe x_{NG} ist mit einer hohen Unsicherheit behaftet und deshalb zur Quantifizierung nicht geeignet. Aus (7.3) und (7.4) folgt direkt $x_{\mathrm{NG}} = U(x_{\mathrm{NG}})$ und damit $U_{\mathrm{rel}}(x_{\mathrm{NG}}) = 100\%$.

Die **Nachweisgrenze** x_{NG} gibt den zum kritischen Messwert gehörenden Analysenwert an. Dieser ist zur *Ergebnisinterpretation* nur insofern geeignet, als bei einem Wert $x_i \geq x_{\mathrm{NG}}$ die Anwesenheit des Analyten nachgewiesen ist. Als Kriterium für die Verfahrensauswahl ist die Nachweisgrenze jedoch **nicht geeignet,** da der Nachweis in Proben ensprechenden Gehaltes nur in 50% der Fälle gelingt.
Für die Interpretation von Analysenergebnissen im Sinne eines *Grenzgehaltes* bei Nichtnachweis des Analyten kann die Erfassungsgrenze verwendet werden.

6. Die *Erfassungsgrenze* charakterisiert den kleinsten sicher nachweisbaren Gehalt und beträgt unter Standardbedingungen etwa das Doppelte der Nachweisgrenze. Die Berücksichtigung des Fehlers 2. Art führt zur Definition desjenigen Gehaltes, der stets (abgesehen von einem vertretbaren Irrtumsrisiko β) erfassbare Signale liefert (siehe Abb. 2.1 in Abschn. 2.1.1). Allgemein ergibt sie sich nach

$$x_{\mathrm{EG}} = U(y_{\mathrm{BL}}, y_{\mathrm{c}})/b \,, \qquad\qquad (7.5)$$

---

[3] Das ist der Fall beim Vorliegen theoretischer Zusammenhänge zwischen y und x, also sogenannten „absoluten", d. h. kalibrierfreien Analysenverfahren, wie sie z. B. die Gravimetrie, Elektrogravimetrie oder Coulometrie darstellen

im Falle experimenteller Kalibration entsprechend

$$x_{EG} = U(y_{BL}, y_c, b)/b .$$ (7.6)

Bei Annahme gleicher Irrtumsrisiken für die Fehler 1. und 2. Art, $\alpha = \beta$, sowie $s_{y_{BL}} \approx s_{y_c}$ erhält man

$$x_{EG} = 2x_{NG} .$$ (7.7)

In bestimmten Fällen können Informationen verwertet werden, die x_{EG} verringern, z. B. das Vorliegen einer Normalverteilung.

Die **Erfassungsgrenze** (Analyt- oder Gehaltssicherungsgrenze) x_{EG} ist der Analysenwert, der stets (bis auf verbleibende Irrtumsrisiken α und β, meist $\alpha = \beta$) ein vom Blindwert unterscheidbares Signal erzeugt und damit sicher erfasst werden kann.
Die Erfassungsgrenze charakterisiert *Analysenverfahren*, insbesondere im Hinblick auf den *Mindestgehalt*, der mit hoher (vorgegebener) Sicherheit nachgewiesen und erfasst werden kann. Damit kann die *Erfassungsgrenze als Grenzgehalt angegeben werden, der höchstens in der Probe enthalten sein kann, wenn kein Signal gefunden wird.*

Im angloamerikanischen Sprachraum hat es sich zunehmend einge-bürgert, den Gehalt x_{EG} als *limit of detection* (LOD) zu bezeichnen. Demgegenüber wird die Nachweisgrenze, sofern überhaupt gesondert benannt, als „limit of identification" oder „limit of decision" bezeich-net.

7. Einige, aber keineswegs alle Autoren bzw. Schulen, führen als weitere Kenngröße die *Bestimmungsgrenze* x_{BG} ein als den geringsten Gehalt, von dem an quantitative Bestimmungen möglich sind. Dieser Grenz-wert ist insofern willkürlich, als in der Regel der Begriff „quantitative Bestimmung" nicht definiert ist. Die Bestimmungsgrenze ist eine *sub-jektive* Größe, da sie eine Anforderung an die Präzision enthält. Sie kann deshalb aufgabenbezogen und von Labor zu Labor sehr unterschiedlich aufgefasst und höchstens für Standardprozeduren allgemein beschrie-ben werden.
In der analytischen Praxis wird häufig eine relative Messunsicherheit von 10%, also $U_{rel}(x_{BG}) = 0{,}1$ zugrunde gelegt und etwa $x_{BG} = 10u(x_{BG})$ bzw. $x_{BG} = 10s_{x_{BG}}$ angenommen. Die dazu notwendige Angabe der zu-grunde gelegten Messunsicherheit fehlt allerdings oft, was sich nachteilig auf die Vergleichbarkeit der Kenngrößen auswirkt.

In der Regel wird als *Bestimmungsgrenze* x_{BG} der Analysenwert angegeben, von dem an unter Zugrundelegung einer Mindestpräzisionsanforderung quantitative Bestimmungen möglich sind. Der Angabe von Bestimmungsgrenzen sollte diese Präzisionsbedingung stets beigefügt werden.
Aus sachlogischen Gründen kann die Bestimmungsgrenze – auch bei geringeren Präzisionsanforderungen – niemals kleiner sein als die Erfassungsgrenze.

8. Der Begriff *Nachweisvermögen* wird in der Literatur als Oberbegriff für die Leistungsfähigkeit von Analysenverfahren an der Grenze der Nachweisbarkeit verwendet, und zwar meist beschreibend bzw. im Zusammenhang mit größenordnungsmäßigen Schätzangaben[4].
    Der Begriff darf *nicht* verwechselt werden mit der *Empfindlichkeit* eines Verfahrens, die als Differentialquotient der Kalibrierfunktion das Nachweisvermögen nur mitbestimmt. Als zweite Komponente beeinflussen die Schwankungen des Blindwertes bzw. das Rauschen des Untergrundes bei instrumentellen Verfahren die Nachweisstärke wesentlich. Es ist deshalb auch legitim, unter Beachtung bestimmter Voraussetzungen das *Signal-Rausch-Verhältnis* für die Ermittlung der Kenngrößen heranzuziehen (siehe Abschn. 3.4).

9. Eine Verallgemeinerung des Begriffes Nachweisvermögen stellt das *Unterscheidungsvermögen* dar, sofern es sich nicht um eine Unterscheidung vom Nominalwert Null handelt. In diesem Falle tritt an die Stelle des kritischen Messwertes die Diskriminanzgrenze. Die Leistungskriterien für Screeningmethoden (Abschn. 6.2.2) und quantitative Analysenverfahren werden aus den gleichen Modellvorstellungen abgeleitet. Daraus wird auch deutlich, dass quantitative Verfahren unterhalb der Erfassungsgrenze nur Binärentscheidungen erlauben.

10. Die hier abgeleiteten Kenngrößen dürfen im Allgemeinen nicht als Kriterien zur *Schwellenwert*-Überwachung (Abschn. 6.2.5) angewendet werden, da diese zusätzliche Vereinbarungen zwischen Auftraggeber und Analytiker hinsichtlich der verbleibenden Unsicherheiten erfordert. Diese werden teilweise in den Verfahrenkenngrößen berücksichtigt, wie z. B. bei den Screening-Techniken, teilweise aber auch bei der Festlegung der Schwellenwerte. Verbindliche Regelungen auf diesem Gebiet sind dringend erforderlich.

---

[4] So wird z. B. von „hohem" oder „gutem" Nachweisvermögen gesprochen oder auch davon, dass das Nachweisvermögen der Methode „im ppm-Bereich" oder „ppb-Bereich" liegt. Eine Quantifizierung des Nachweisvermögens ist prinzipiell möglich und müsste analog zu vergleichbaren Größen (spektrales oder geometrisches Auflösungsvermögen) über Reziprokwerte der Erfassungsgrenze erfolgen (KAISER [1965])

Anhang

Auswahl aus den in der Literatur zu findenden Symbolen und Bezeichnungen für die Kenngrößen

Im deutschen Sprachraum

	Bezeichnung	Symbol	Autoren
NG in der Signal- domäne	Nachweisgrenze oder Messwert an der Nachweisgrenze	$\underline{x}$ Y_N	KAISER, SPECKER [1956], KAISER [1965, 1966], LUTHARDT et al. [1987]
	Nachweisgrenze $\equiv$ Messwertkriterium	$\underline{x}$ x_k	SVOBODA, GERBATSCH [1968]
	Messwert an der NG, NG des Signals, kritischer Messwert	$\underline{x}$ x_k	EHRLICH et al. [1966–1970]
	Erkennungsgrenze		DIN 25482/1, DIN 55350-34 [1989]
	Kritischer Wert der Messgröße	y_k	DIN 32645 [1994]
	Erkennungsgrenze	y_k	HARTMANN [1989]
NG in der Gehalts- domäne	Nachweisgrenze	$\underline{c}$	KAISER, SPECKER [1956], KAISER [1965, 1966]
	Nachweisgrenze	x_{NG}	DIN 32645 [1994]
	Erfassungsgrenze	c_E c_k	DIN 55350-34 [1989], LUTHARDT et al. [1987]
EG in der Signal- domäne	Messwert an der Garantiegrenze	x_G	KAISER [1966]
	Messwert an der Erfassungsgrenze	x_E	SVOBODA, GERBATSCH [1968] EHRLICH et al. [1967–1970]
	Nachweisgrenze	–	DIN 25482 [1989]
	nicht bezeichnet	–	DIN 32645 [1994]
EG in der Gehalts- domäne	Garantiegrenze für Reinheit	c_G	KAISER [1965, 1966]
	Erfassungsgrenze	c_E	SVOBODA, GERBATSCH [1968] EHRLICH et al. [1967–1970]
		x_{EG}	DIN 32645 [1994]
	Erfassungsvermögen	c_1	DIN 55350-34 [1989]
	Bestimmungsgrenze	c_B	LUTHARDT et al. [1987]
BG als Gehalt	Präzisionsgrenze	–	KAISER [1965]
	Bestimmungsgrenze	–	KAISER [1947]
		–	EHRLICH [1969]
		x_{BG}	DIN 32645 [1994]

Im angloamerikanischen Sprachraum

	Bezeichnung	Symbol	Autoren
NG in der Signal- domäne	keine eigene Bezeichnung	x_L	IUPAC [1976]
	Critical value critical level in the signal domain	L_c S_c	CURRIE [1968], CURRIE, IUPAC [1995, 1999], ACS [1983]
	Decision level	E_k	LITEANU et al. [1976]
	Limit of detection	x_L	BOUMANS [1978], LONG, WINEFORDNER [1983]
	keine eigene Bezeichnung	R_b	SHARAF et al. [1986]
	Criterion of detection	C_c	WILSON [1973]
NG in der Gehalts- domäne	Limit of detection	c_L	IUPAC [1975]
	Critical value expressed as concentration or amount	L_c	CURRIE [1968], CURRIE, IUPAC [1995, 1999], ACS [1983]
	Limit of detection (expressed as concentration)	c_L	BOUMANS [1978], LONG, WINEFORDNER [1983]
	Detection limit	c_b^u	SHARAF et al. [1986]
EG in der Signal- domäne	Lower limit of detection		ALTSHULER, PASTERNAK [1963]
	Detection sensitivity		WING, WAHLGREN [1967] (nach CURRIE [1968])
	Sensitivity		KOCH [1960] (nach CURRIE [1968])
	Minimum detectable activity or mass		NBS [1961] (nach CURRIE [1968])
	Limit of identification (signal domain)	x_i	BOUMANS [1978]
	Lowest statistically discernible signal	x_i	LONG, WINEFORDNER [1983]
	ohne Bezeichnung	s_D	ACS [1983]
EG in der Gehalts- domäne	Detection limit expressed as concentration or amount	L_D	CURRIE [1968], CURRIE, IUPAC [1995, 1999], ACS [1983]
	Detection limit (as concentration)	x_D, x_u	CURRIE [1997]
	Detection limit	E_d D	LITEANU et al. [1976], DIN 32645 [1994], GABRIELS [1970]
	Limit of detection	c_L c_x (LOD)	WILSON [1973], ACS [1983]
	Limit of identification	c_l	BOUMANS [1978], LONG, WINEFORDNER [1983]
BG in der Gehalts- domäne	Determination limit	$L_D, c_D,$ E_D, LOQ	CURRIE [1968], BOUMANS [1978], LITEANU et al. [1976], LONG, WINE- FORDNER [1983], DIN 32645 [1994]
	Quantification limit	L_Q	CURRIE, IUPAC [1995], ISO [1995/96]
	Limit of quantitation	LOQ	ACS [1983]

Literatur

ACS (1983) American Chemical Society Commission of Environmental Chemistry, Anal Chem 55:2210 (Revised version of Anal Chem (1980) 52:2242)

Ahrens LH (1954) Geochim Cosmochim Acta 5:49

Altshuler B, Pasternak B (1963) Health Physics 9:293

Aruga R (1997) Anal Chim Acta 354:255

ASTM (1964) American Society for Testing Materials, ASTM Standard Method E–135. S 117. ASTM, Philadelphia

ASTM (1983) American Society for Testing Materials: Commission of Environmental Chemistry, Anal Chem 55:2210 (Revised version of Anal Chem (1980) 52:2242)

ASTM (1989) American Society for Testing Materials: ASTM Standard D 4210-89. *Standard Practice for Interlaboratory Control Procedures and a Discussion on Reporting Low-Level Data.* ASTM, Philadelphia

ASTM (1994) American Society for Testing Materials: ASTM Standard E 1657-94. *Standard Definitions.* 8th ed. ASTM, Philadelphia

Bandemer H, Bellmann A (1994) *Statistische Versuchsplanung.* Teubner, Stuttgart, 4. Aufl

Bauer G, Wegscheider W, Ortner HM (1991) Fresenius J Anal Chem 340:135

Bauer G, Wegscheider W, Ortner HM (1992) Spectrochim Acta 47B:179

Beinert W-D, Meyer VR, Wampfler B, Rösslein M, Rezzonico S, Hedinger R (2005) GIT Labor Fachz 49:318

Böhm K, Schuricht V (1974) Isotopenpraxis 10:1

Bolschev LN, Smirnov NV (1965) *Tabellen der mathematischen Statistik* (in Russisch), Nauka, Moskau, S 38

Böttger W (1909) *Festschrift für Otto Wallach.* Göttingen

Bos U, Junker A (1983) Fresenius Z Anal Chem 316:135

Bosch FM, Broekhaert JAC (1975) Anal Chem 47:188

Boumans PWJM (1978) Spectrochim Acta 33B:625

Boumans PWJM (1987) *Basic Concepts and Characteristics of ICP-AES.* In: *Inductively Coupled Plasma Emission Spectrometry* (Hrsg.: PWJM Boumans), Part 1. *Methodology, Instrumentation, and Performance.* Kap. 4, New York, Wiley. S 100

Boumans PWJM (1989) Spectrochim Acta 44B:1325

Boumans PWJM (1990) Spectrochim Acta 45B:799

Boumans PWJM (1991) Spectrochim Acta 46B:431

Boumans PWJM (1994) Anal Chem 66:459A

Boumans PWJM, de Boer FJ (1972) Spectrochim Acta 27B:391

Boumans PWJM, McKenna RJ, Bosveld M (1981) Spectrochim Acta 36B:1031

Boumans PWJM, Vrakking JJAM (1987) Spectrochim Acta 42B: 553

Boumans PWJM, Vrakking JJAM (1987) J Anal Atom Spectr 2:513

Brown EN, McDermott TJ, Bloch KJ, McCollom AD (1996) Clin Chem 42:893

Burgaevskij AA, Kravcenko MS (1983) Zh analit Khim 38:17

Burns DT, Danzer K, Townshend A (2005) Pure Appl Chem (in preparation)

Cammann K (Hrsg.) (2001) *Instrumentelle Analytische Chemie*. Spektrum Akademischer Verlag, Heidelberg, Berlin

Christ GA, Harston SJ, Hembeck HW (1992) *GLP. Handbuch für den Praktiker*. GIT Verlag, Darmstadt

Clayton CA, Hines JW, Elkins PD (1987) Anal Chem 59:2506

Coleman D, Auses J, Grams N (1997) Chemom Intell Lab Syst 37:71

Currie LA (1968) Anal Chem 40:586

Currie LA (Hrsg.) (1988) *Detection in Analytical Chemistry: Importance, Theory, and Practice*. ACS Sympos Series 316, Amer Chem Soc, Washington

Currie LA (1995) Pure Appl Chem 67:1699; Reprint der IUPAC Recommendations 1995 mit ergänzenden Literaturangaben in Currie (1999, A)

Currie LA (1997) Chemom Intell Lab Syst 37:151

Currie LA (1999A) Anal Chim Acta 391:105

Currie LA (1999B) Anal Chim Acta 391:127

Currie LA (2000) J Radioanal Nucl Chem 245:145

Currie LA (2001) Fresenius J Anal Chem 370:705

Currie LA (2004) Appl Radiat Isotopes 61:145

Currie LA, Kessler JD, Marolf JV, McNichol AP, Stuart DR, Donoghue JC, Donahue DJ, Burr GS, Biddulph D (2000) Nucl Instrum Meth Phys Res B172:440

Danzer K (1989) Fresenius Z Anal Chem 335:869

Danzer K (2001) Fresenius J Anal Chem 369:397

Danzer K (2004) Anal Bioanal Chem 380:376

Danzer K, Currie LA (1998) *Guidelines for Calibration in Analytical Chemistry. Part 1. Fundamentals and Single Component Calibration (IUPAC Recommendations 1998)*. Pure Appl Chem 70:993

Danzer K, Hobert H, Fischbacher C, Jagemann K-U (2001) *Chemometrik – Grundlagen und Anwendungen*. Springer, Berlin, Heidelberg, New York

Danzer K, Otto M, Currie LA (2004) *Guidelines for Calibration in Analytical Chemistry. Part 2. Multispecies Calibration (IUPAC Technical Report)*. Pure Appl Chem 76:1225

Danzer K, Than E, Molch D, Küchler L (1987) *Analytik – Systematischer Überblick*. Akademische Verlagsgesellschaft Geest & Portig, 2. Aufl.

del Río Bocio FJ, Riu J, Boqué R, Rius FX (2003) J Chemom 17:413

Deming SN, Morgan SL (1993) *Experimental Design: A Chemometric Appraoch.* Elsevier, Amsterdam, 2. Aufl.

Dempir J (1986) Chem prumysl 36:149

Desimoni E, Mannino S (1998) Accr Qual Assur 3:335

DIN (1994) *Internationales Wörterbuch der Metrologie.* Beuth Verlag, Berlin, Wien, Zürich, 2. Aufl.

DIN 25482, Teile 1, 3, 5, 6 (1989–2000) Deutsches Institut für Normung: *Nachweisgrenze und Erkennungsgrenze bei Kernstrahlungsmessungen.* Beuth Verlag

DIN 25482, Teile 10–13 (2000–2003) Deutsches Institut für Normung: *Nachweisgrenze und Erkennungsgrenze bei Kernstrahlungsmessungen.* Beuth Verlag

DIN 32645 (1994) Deutsches Institut für Normung: *Nachweis-, Erfassungs- und Bestimmungsgrenze. Ermittlung unter Wiederholbedingungen.* Beuth Verlag

DIN 32645 (2004) Deutsches Institut für Normung: *Nachweis-, Erfassungs- und Bestimmungsgrenze. Ermittlung unter Wiederholbedingungen.* Entwurf der Neufassung, Februar 2004

DIN 32646 (2003) Deutsches Institut für Normung: *Erfassungs- und Bestimmungsgrenze als Verfahrenskenngrößen. Ermittlung in einem Ringversuch unter Vergleichsbedingungen.* Beuth Verlag

DIN 53804 Teil 1 (1990) Deutsches Institut für Normung: *Statistische Auswertungen.* Beuth Verlag

DIN 55303, Teil 5 (1987) Deutsches Institut für Normung: *Statistische Auswertung von Daten. Bestimmung eines statistischen Anteilsbereiches.* Beuth Verlag

DIN 55350, Teil 13 (1987) Deutsches Institut für Normung: *Begriffe der Qualitätssicherung und Statistik: Begriffe zur Genauigkeit von Ermittlungsverfahren und Ermittlungsergebnissen.* Beuth Verlag

DIN 55350, Teil 34, Deutsches Institut für Normung: *Begriffe der Qualitätssicherung und Statistik: Erkennungsgrenze, Erfassungsgrenze und Erfassungsvermögen.* Beuth Verlag, siehe DIN ISO 11843, Teil 1 (2004)

DIN EN 45001 (1990) Deutsches Institut für Normung: *Allgemeine Kriterien zum Betreiben von Prüflaboratorien.* Beuth Verlag

DIN EN 45002 (1990) Deutsches Institut für Normung: *Allgemeine Kriterien zum Begutachten von Prüflaboratorien.* Beuth Verlag

DIN EN 45003 (1990) Deutsches Institut für Normung: *Allgemeine Kriterien für Stellen, die Prüflaboratorien akkreditieren.* Beuth Verlag

DIN EN ISO 4259 (1996) Deutsches Institut für Normung: *Mineralölerzeugnisse – Bestimmung und Anwendung der Werte für die Präzision von Prüfverfahren.* Beuth Verlag

DIN ISO 5725 (1988) Deutsches Institut für Normung: *Ermittlung der Wiederhol- und Vergleichspräzision von festgelegten Meßverfahren durch Ringversuche.* Beuth Verlag, aktuelle Fassung siehe DIN ISO 5725, Teile 1 (1997) und 2 (2002)

DIN ISO 5725, Teil 1 (1997) Deutsches Institut für Normung: *Genauigkeit (Richtigkeit und Präzision) von Messergebnissen – Allgemeine Grundlagen und Begriffe.* Beuth Verlag

DIN ISO 5725, Teil 2 (2002) Deutsches Institut für Normung: *Genauigkeit (Richtigkeit und Präzision) von Messergebnissen – Grundlegende Methode für die Ermittlung der Wiederhol- und Vergleichspräzision eines vereinheitlichten Messverfahrens.* Beuth Verlag

DIN ISO 5725-2 (1991) Deutsches Institut für Normung: *Genauigkeit (Richtigkeit und Präzision) von Meßverfahren und Meßergebnissen.* Beuth Verlag

DIN ISO 9000 (1990) Deutsches Institut für Normung: *Leitfaden zur Auswahl und Anwendung der Normen zu Qualitätsmanagement, Elementen eines Qualitätssicherungssystems und zu Qualitätsnachweisstufen.* Beuth Verlag

DIN ISO 11843, Teil 1 (2004) Deutsches Institut für Normung: *Erkennungsfähigkeit – Begriffe.* Beuth Verlag

Dixon WJ, Massey FJ (1969) *Introduction to Statistical Analysis.* McGraw Hill, New York (3. Ausg.)

Doerffel K (1990) *Statistik in der analytischen Chemie.* Deutscher Verlag für Grundstoffindustrie, Leipzig, 5. Aufl.

Doerffel K, Eckschlager K (1981) *Optimale Strategien in der Analytik.* VEB Deutscher Verlag für Grundstoff-industrie, Leipzig

Doerffel K, Eckschlager K, Henrion G (1990) *Chemometrische Strategien in der Analytik.* Deutscher Verlag für Grundstoffindustrie, Leipzig

Documenta Geigy (1968) *Wissenschaftliche Tabellen.* Geigy AG, Basel, 7. Aufl

Ebel S (1993) *Fehler und Vertrauensbereiche analytischer Ergebnisse.* In: *Analytiker Taschenbuch 11* (Hrsg.: H. Günzler, R. Borsdorf, K. Danzer, W. Fresenius, W. Huber, I. Lüderwald, G. Tölg, H. Wisser). Springer, Berlin, Heidelberg, New York, S 4–59

Ebel S, Kamm K (1983) Fresenius Z Anal Chem 316:382

Ebel S, Kamm U (1984) Fresenius Z Anal Chem 318:293

Eckschlager K, Danzer K. (1994) *Information Theory in Analytical Chemistry.* Wiley, New York

Efron B (1982) *The Jackknife, the Bootstrap and Other Resampling Techniques.* Society for Industrial and Applied Mathematics, Philadelphia, PA

Ehrlich G (1967) Fresenius Z Anal Chem 232:1

Ehrlich G (1969) Wiss Z TH Leuna-Merseburg 11:22

Ehrlich G (1973) *Beiträge zur Bewertung von Analysenverfahren und zur Erhöhung des Informationsgehaltes analytischer Aussagen bei Gehaltsbestimmungen.* Dissertation (zur Promotion B), Akademie der Wiss. DDR, Berlin

Ehrlich G (1976) Chim analit [Warszawa] 21:303

Ehrlich G (1978) Chim analit [Warszawa] 23:883

Ehrlich G, Gerbatsch R (1966) Fresenius Z Anal Chem 220:260

Ehrlich G, Gerbatsch R (1967) Fresenius Z Anal Chem 225:90

Ehrlich G, Gerbatsch R, Jaetsch K, Scholze H (1962) *Proc IX Colloqu Spectrosc Internat, Lyon 1961,* Bd. II, S 224, GAMS, Paris

Ehrlich G, Mai H (1966) Fresenius Z Anal Chem 218:1

Ehrlich G, Scholze H, Gerbatsch R (1969) Spectrochim Acta 24B:641

Ellison SLR, Gregory S, Hardcastle WA (1998) Analyst 123:1155

Emich F (1910) Ber dtsch chem Gesellsch 43:10

EURACHEM (1998) *Die Ermittlung der Meßunsicherheit in der analytischen Chemie.* Deutsche Ausgabe von *Quantifying Uncertainty in Analytical Measurement.* (1995)

Eversen NM, Hamilton PJ, O'Nions RK (1978) Geochim Cosmochim Acta 42:1199

Faber K, Kowalski BR (1997) Fresenius J Anal Chem 357:789

Feigl F (1923) Mikrochemie 1:4

Feigl F (1958) *Spot Tests in Inorganic Analysis*. Elsevier, Amsterdam

Ferrús R, Egea MR (1994) Anal Chim Acta 287:119

Fleming J, Albus H, Neidhart B, Wegscheider W (1997) Accr Qual Assurance 2:203

Frank IE, Pungor E, Veress GE (1981A) Anal Chim Acta 133:433

Frank IE, Pungor E, Veress GE (1981B) Anal Chim Acta 133:443

Frank IE, Todeschini R (1994) *The Data Analysis Handbook*. Elsevier, Amsterdam

Freiser H, Nancollas GH (Hrsg.) (1987) *Compendium of Analytical Nomenclature* (IUPAC Orange Book), Blackwell, Oxford 2. Aufl. (1. Aufl. 1978)

Funk W, Dammann V, Donnevert G (1992) *Qualitätssicherung in der Analytischen Chemie*. VCH, Weinheim, New York, Basel

Gabriels R (1970) Anal Chem 42:1439

Geiß, S, Einax JW (2001) Fresenius J Anal Chem 370:673

Gilfrich JV, Birks LS (1984) Anal Chem 56:77

Gluschke M, Lepom P, Braun K (2005) Nachr Chem 53:193

Gowik P, Jülicher B, Uhlig S (1998) Nachr Chem Tech Lab 46:841

Gowik P, Jülicher B, Uhlig S (1999) Nachr Chem Tech Lab 47:49

Graf U, Henning H-U, Stange K, Wilrich P-Th (1987) *Formeln und Tabellen der angewandten mathematischen Statistik*. Springer, Berlin, Heidelberg, New York, (3. Aufl.)

Grinzajd EL, Zilberstejn CI, Nadeshina LS, Jufa BJ (1977) Zh analit Khim 32:2106

Hädrich J (1993) Dtsch Lebensm Rundsch 89:35, 72

Hädrich J, Vogelgesang J (1996) Dtsch Lebensm Rundsch 92:341

Hädrich J, Vogelgesang J (1999A) Dtsch Lebensm Rundsch 95:428

Hädrich J, Vogelgesang J (1999B) Dtsch Lebensm Rundsch 95:495

Hald A (1952) *Statistical Theory with Engineering Application*. Wiley, New York

Hancock JC, Wintz PA (1960) *Signal Detection Theory*. McGraw Hill, New York

Hartmann E (1989) Fresenius Z Anal Chem 335:954

Hayashi Y, Matsuda R, Maitani T, Imai K, Nishimura W, Ito K, Meada M (2004) Anal Chem 76:1295

Helstrom CW (1960) *Statistical Theory of Signal Detection*. Pergamon Press, New York

Heydorn K, Wanscher B (1978) Fresenius Z Anal Chem 292:34

Hillebrand U (1997) GIT Labor Fachz 41:380

Hillebrand U (2001) Laborpraxis 10:86

Hobbs DJ, Iny A (1970) Appl Spectrosc 24:522

Hobbs DJ, Smith DM (1966) Canad Spectrosc 11:5

Hubaux A, Smirga-Snoeck N (1964) Cosmochim Acta 28:1199

Hubaux A, Vos G (1970) Anal Chem 42:249

Huber W (1994) *Nachweis-, Erfassungs- und Bestimmungsgrenze*. In: *Analytiker-Taschenbuch 12* (Hrsg.: H. Günzler, R. Borsdorf, K. Danzer, W. Fresenius, W. Huber, I. Lüderwald, G. Tölg, H. Wisser). Springer, Berlin, Heidelberg, New York, S 12–33

Huber W (2001) GIT Labor Fachz 12:1308

Huber W (2002) Accred Qual Assur 7:256

Huber W (2003) Accred Qual Assur 8:213

Hurtgen C, Jerome S, Woods M (2000) Appl Radiat Isotop 53:45

ICH Topic Q2B (1996) *Note for Guidance on Validation of Analytical Procedures: Methodology*. CPMP/ICH/281/95, London

Inczédy J, Lengyiel JT, Ure AM, Geleneser A, Hulanicki A (Hrsg.) (1988) *Compendium of Analytical Nomenclature* (IUPAC Orange Book), Blackwell, Oxford 3. Aufl.

Ingle JD, Crough SR (1988) *Spectrochemical Analysis*. Englewood Cliffs, Prentice Hall International

ISO (1993) International Organization for Standardization, *Guide to the Expression of Uncertainty in Measurement*. Genf

ISO 3534-1 (1993) International Organization for Standardization (BIPM, IEC, IFCC, ISO, IUPAC, IUPAP, OIML), *International Vocabulary of Basis and General Terms in Metrology*. Genf

ISO (1995/96) International Organization for Standardization, CD 1843-1.2, *The limit of detection and the limit of determination of an analytical basis method*. Genf

ISO 11843-1 (1997) *Capability of detection – Part 1. Terms and defintions*. Genf

ISO 11843-2 (2000) *Capability of detection – Part 2. Methodology in the linear calibration case*. Genf

ISO 11929 Parts 1–4 (2000) *Determination of detection limit and decision threshold for ionizing radiation measurements*. Genf

IUPAC (1976) International Union of Pure and Applied Chemistry, Analytical Chemistry Division, Commission on Spectrochemistry and other Optical Procedures for Analysis, Pure Appl Chem 45:101 (auch in: Spectrochim Acta 33B:241; 248 (1978))

IUPAC (1987) International Union of Pure and Applied Chemistry, Analytical Chemistry Division, Freiser H, Nancollas GH (Hrsg.) *Compendium of Analytical Nomenclature* (IUPAC Orange Book), Blackwell, Oxford 2. Aufl. (1. Aufl. 1978)

IUPAC (1988) International Union of Pure and Applied Chemistry, Analytical Chemistry Division, Inczédy J, Lengyiel JT, Ure AM, Geleneser A, Hulanicki A (Hrsg.) *Compendium of Analytical Nomenclature*. (IUPAC Orange Book), Blackwell, Oxford, 3. Aufl.

IUPAC (1995) International Union of Pure and Applied Chemistry, Analytical Chemistry Division, Commission on Analytical Nomenclature, Currie LA, Pure Appl Chem 67:1699

IUPAC (1998) International Union of Pure and Applied Chemistry, Analytical Chemistry Division, Commission on General Aspects of Analytical Chemistry, Danzer K, Currie LA, Pure Appl Chem 70:993

IUPAC (2001) International Union of Pure and Applied Chemistry, Analytical Chemistry Division, Commission on General Aspects of Analytical Chemistry, Vessman J, Stefan R, Van Staden JF, Danzer K, Lindner W, Burns DT, Fajgelj A, Müller H, Pure Appl Chem 73:1381

IUPAC (2005) International Union of Pure and Applied Chemistry, Analytical Chemistry Division, Burns DT, Danzer K, Townshend A, Pure Appl Chem (in Vorbereitung)

Jäger W (1997) Nachr Chem Techn Labor 45:1061

Johnson DA (1980) J Chem Educ 57:475

Jülicher B, Gowik P, Uhlig S (1998) Analyst 123:173

Kaiser H (1936, A) Z techn Physik 17:210

Kaiser H (1936, B) Z techn Physik 17:227

Kaiser H (1947) Spectrochim Acta 3:40

Kaiser H (1965) Fresenius Z Anal Chem 209:1

Kaiser H (1966) Fresenius Z Anal Chem 216:80

Kaiser H (1970) Anal Chem 42: No 2:24A; No 4:26A

Kaiser H (1972) Fresenius Z Anal Chem 260:252

Kaiser H, Specker H (1956) Fresenius Z Anal Chem 149:46

Kalman SM, Clark DR, Moses LE (1984) Clin Chem 30:515

Kaplan BY (1989) Zh analit Khim 44:179

Kaplin AA, Kubrak BA, Ruban AI (1978) Zh analit Khim 33:2298

Kaus R (1998) Accred Qual Assur 3:150

Koch OG, Koch GA (1964) *Handbuch der Spurenanalyse*. Springer, Berlin, Göttigen, Heidelberg, S 13,122

Koch RC (1960) *Activation Analysis Handbook*. Academic Press, New York (nach Currie, 1968)

Kotrba Z (1977) Mikrochim Acta [Wien] II:97

Kubala-Kukús A, Banás D, Braziewicz J, Majewska U, Mrówczynski S, Pajek M (2001) Spectrochim Acta 56B:2037

Kump P (1997) Spectrochim Acta 52B:405

Laqua K (1980) *Emissionsspektroskopie*. In: *Ullmanns Encyklopädie der technischen Chemie*. Weinheim, Verlag Chemie, Band 5, S 441

Laqua K, Hagenah W-D, Waechter H (1967) Fresenius Z Anal Chem 225:142

Lavagnini I, Favaro G, Magno F (2004) Mass Spectrom 18:1389

Lieck G (1998) LaborPraxis 22:62

Liteanu C (1970) Mikrochim Acta [Wien] S 715

Liteanu C, Alexandru R (1968) Mikrochim Acta [Wien] S 639

Liteanu C, Florea I (1966) Mikrochim Acta [Wien] S 983

Liteanu C, Hopirtean E, Popescu IC (1976) Anal Chem 48:2013

Liteanu C, Rîca I (1973) Mikrochim Acta [Wien] S 745

Liteanu C, Rîca I (1975) Mikrochim Acta [Wien] S 311

Liteanu C, Rîca I (1980) *Statistical Theory and Methodology of Trace Analysis*. Wiley, New York

Long GL, Winefordner JD (1983) Anal Chem 55:712A

Lorber A (1986) Anal Chem 58:1167

Lorber A, Wangen LE, Kowalski BR (1987) J Chemom 1:19

Luthardt M, Than E, Heckendorf H (1987) Fresenius Z Anal Chem 326:331

Massart DL, Dijkstra A, Kaufman L (1984) *Evaluation and Optimization of Laboratory Methods and Analytical Procedures*. Elsevier, Amsterdam (3. Aufl.)

Massart DL, Vangeginste BGM, Deming SN, Michotte Y, Kaufman L (1988) *Chemometrics: A Textbook*. Elsevier, Amsterdam

Michel R (2000) J Radioanal Nucl Chem 245:137

Mills I, Cvitas T, Homann K, Kallay N, Kuchitsu K (1993) *Quantities, Units and Symbols in Physical Chemistry (The Green Book)*. 2. Aufl., Blackwell Science, Oxford, UK

Miskarjanz VG, Kaplan BJ, Nedler VV (1961) Zavodska Labor 27:170

Montag A (1982) Fresenius Z Anal Chem 312:96

Moran RF, Brown EN (1997) Clin Chem 43:856

Morrison GH (Hrsg.) (1965) *Trace Analysis – Physical Methods*. Interscience Publ, New York

Mücke G (1985) Fresenius Z Anal Chem 320:639

Müller PH (Hrsg.) (1970) *Lexikon der Wahrscheinlichkeitsrechnung und mathematischen Statistik*. Akademie-Verlag, Berlin

Müller PH, Neumann P, Storm R (1973) *Tafeln der mathematischen Statistik*. Fachbuchverlag, Leipzig

Murtgen C, Jerome S, Woods M (2000) Appl Radiat Isotopes 53:45

Nalimov VV, Nedler VV, Mensova NP (1961) Zavodska Labor 27:861

National Bureau of Standards (1961) *A Manual of Radioactivity Procedures* (Handbook 80), Washington DC

NCCLS, National Committee for Clinical Laboratory Standards (1996) *Terminology and Definitions for Use in NCCLS Documents*. 3. Aufl., Proposed Standard. NRSCL 8-P3. Wayne, PA, NCCLS

Nielson KK, Rogers VC (1989) Anal Chem 61:2719

Nimmerfall G, Schrön W (2001) Fresenius J Anal Chem 370:760

Nisipeanu P (1988) Natur und Recht 1988:225

Noack S (1997) Bundesanstalt für Materialforschung (BAM): *Normung von Nachweis- und Bestimmungsgrenze*. Begleitmanuskript Vortrag InCom '97 Düsseldorf

Oppenheimer L, Capizzi TP, Weppelman RM, Metha H (1983) Anal Chem 55:638

Otto M (1995) *Analytische Chemie*. VCH, Weinheim

Otto M (1997) *Chemometrie: Statistik und Computereinsatz in der Analytik*. VCH, Weinheim

Pantoni DA, Hurley PW (1972) Analyst 97:497

Pasternack BS, Harley NH (1971) Nucl Instr Meth 91:533

Pearson ES, Hartley HD (1976) *Biometrica. Tables for Statisticians*. Cambridge University Press, 3. Aufl., Bd. 1

Porter WR (1983) Anal Chem 55:1290A

Prichard E, Green J, Houlgate P, Miller J, Newman E, Phillips G, Rowley A (2001) *Analytical Measurement Terminology. Handbook of Terms used in Quality Assurance of Analytical Measurement.* LGC, Teddington, Royal Society of Chemistry, Cambridge

Pulido A, Ruisánchez I, Boqué R, Rius FX (2002) Anal Chim Acta 455:267

Pulido A, Ruisánchez I, Boqué R, Rius FX (2003) Trends Anal Chem 22:647

Rios A, Barceló, D, Buydens L, Cárdenas S, Heydorn K, Karlberg B, Klemm K, Lendl B, Milman B, Neidhart B, Stephany RW, Townshend A, Zschunke A, Valccarcel M (2003) Accred Qual Assur 8:68

Robinson WO, Bastron H, Murata KJ (1958) Geochim Cosmochim Acta 14:55

Roos JB (1962) Analyst 87:882

Sanchez HJ (1999) X-Ray Spectrom 28:51

Sanz MB, Sarabia LA, Herrero A, Ortiz MC (2001) Anal Chim Acta 446:297

Sachs L (1992) *Angewandte Statistik.* Springer, Berlin, Heidelberg, London, New York, 7. Aufl.

Schulze W (1966) Fresenius Z Anal Chem 221:85

Schmolke A, Mummenhoff W, Neidhart B (1995) Nachr Chem Techn Labor 43:1190

Schwartz LM (1976) Anal Chem 48:2287

Schwartz LM (1977) Anal Chem 49:2062

Schwartz LM (1979) Anal Chem 51:723

Schwartz LM (1983) Anal Chem 55:1424

Sharaf MA, Illman DA, Kowalski BR (1986) *Chemometrics.* Wiley, New York

Shestov NS (1967) *Abtrennung optischer Signale aus rauschgestörtem Untergrund* (in Russ.), Sov Radio, Moskau

Simonet BM, Riós A, Valcarcel M (2004) Anal Chim Acta 516:67

Skoog DA, Leary JJ (1996) *Instrumentelle Analytik. Grundlagen – Geräte – Anwendungen.* Springer Verlag, Berlin, Heidelberg, New York

Song. R, Schlecht PC, Ashley K (2001) J Hazard Mat 83:29

Spiegelman CH (1997) Chemom Intell Lab Systems 37:183

Stevenson CL, Winefordner JD (1991) Appl Spectrosc 45:1217

Stevenson CL, Winefordner JD (1992) Appl Spectrosc 46:407,715

St John PA, McCarthy WJ, Winefordner JD (1966) Anal Chem 38:1828

St John PA, McCarthy WJ, Winefordner JD (1967) Anal Chem 39:1495

Svoboda V, Gerbatsch R (1968) Fresenius Z Anal Chem 242:1

TA Luft (1986) *Technische Anleitungen zu Reinhaltung der Luft.* In: Erste allgemeine Verwaltungsvorschrift zum Bundesimmissionsschutzgesetz. GMBl 37/7:95, zitiert nach Schmolke et al. (1995)

Taylor JK (1983) Anal Chem 55: 600A

Thompson M (1998) Analyst 123:405

Thompson M, Fearn T (1996) Analyst 121:275

Trullols E, Ruisanchez I, Rius FX (2004) Trends Anal Chem 23:137

Tukey JW (1962) Ann Math Statistics 33:13

Uhlig S, Lischer P (1998) Analyst 123:167

Vogelgesang J (1987) Fresenius Z Anal Chem 328:213

Vogelgesang J, Hädrich J (1998A) Accr Qual Assur 3:242

Vogelgesang J, Hädrich J (1998B) Nachr Chem Tech Lab 46:1099

Voigtman E (1997) Anal Chem 69:226

Wachter G, Kleiner J, Leon U (1998A) CLB Chem Lab Biotechn 49:297

Wachter G, Kleiner J, Leon U (1998B) CLB Chem Lab Biotechn 49:336

Wachter G, Kleiner J, Leon U (1998C) CLB Chem Lab Biotechn 49:380

Wegscheider W (1994) Validierung analytischer Verfahren. In: H. Günzler (Hrsg.) Akkreditierung und Qualitätssicherung in der Analytischen Chemie. Springer, Berlin, Heidelberg, New York

Weise K (1998) Kerntechn 63:21

Wilrich P-T, Parkany M, Currie LA (1993) ISO-IUPAC Limits of Detection. Harmonization Meeting. Washington DC

Wilson AL (1973) Talanta 20:725

Wilson MD, Rocke DM, Durbin B, Kahn HD (2004) Anal Chim Acta 509:197

Winefordner JD, Vickers TJ (1964) Anal Chem 36:1939

Winefordner JD, Parsons ML, Mansfield JM, McCarthy WJ (1967) Anal Chem 39:436

Winefordner JD, Stevenson D (1993) Spectrochim Acta 48B: 757

Wing J, Wahlgreen M (1967) Anal Chem 39:85

Woschni EG (1972) Messdynamik. Hirzel, Leipzig

Yang XJ, Low GK-C, Foley R (2005) Anal Bioanal Chem 381:1253

Yu LL, Fassett JD, Guthric WF (2002) Anal Chem 74:3887

Zaidel AN, Kaliteevskij LV, Lipis LV, Cajka MP (1960) Emissionsspektralanalyse von Atommaterialien. [in Russ.], Fizmatgiz, Moskau, Leningrad S 49 (Engl. Übersetzung: AEC-Tr 5745, USAEC 1963)

Ziessow D (1973) On-line Rechner in der Chemie. DeGruyter, Berlin, New York

Zilberstejn CI (1968) Zh Prikl Spektr 9:37

Zilberstejn CI (1971) Zh Prikl Spektr 14:12

Zilberstejn CI, Legeza SS (1968) Zh Prikl Spektr 8:6

Zitter H, God C (1970) Mikrochim Acta [Wien] S 1255

Zorn ME, Gibbons RD, Sonzogni WC (1997) Anal Chem 69:3069

Zorn ME, Gibbons RD, Sonzogni WC (1999) Environm Sci Technol 33:2291

Sachverzeichnis